braumüller

MARCUS WADSAK

Klimawandel gibt es ~~nicht~~

Klimalügen und Mythen aufgelöst!

braumüller

INHALT

Einleitung 7

1 Die können nicht mal das Wetter für drei Tage vorhersagen, wollen aber wissen, wie das Klima in 100 Jahren ist 12

2 Es könnte auch die Sonne sein 17

3 Andere Planeten werden auch wärmer 21

4 Das Klima hat sich schon immer gewandelt 24

5 CO_2 ist doch nur ein Spurengas 27

6 Mehr CO_2 ist gut für die Pflanzen 30

7 Die einen sagen so, die anderen so 33

8 Mehr als 1.100 Wissenschaftler:innen erklären: Es gibt keinen Klimanotstand 36

9 Ein einziger Vulkan stößt in zwei Sekunden so viel CO_2 aus wie die gesamte Menschheit in einem Jahr 38

10 CO_2 wird auf einem Vulkan gemessen, die Daten sagen nichts aus 43

11 In den 1970er-Jahren wurde uns noch eine neue Eiszeit angekündigt 46

12 Im Mittelalter war es wärmer als heute 49

13 Grönland war eine grüne Insel 52

14 Der Klimawandel hat längst gestoppt 54

15 Die Winter sind im Mittel nicht wärmer geworden 57

16 Wetter und Klima werden manipuliert 60

17 Die Überbevölkerung ist schuld 65

18 Die Rekord-Temperaturen werden auf Asphalt gemessen 69

19 Wärmeinseln der Stadt verfälschen Klimatrend 72

20 Die Antarktis wächst, am Südpol nimmt die Eismasse zu 74

21 Klimaschutz mit Hausverstand 77

22 Alles nur Panikmache 79

23 Ich allein kann doch nichts ändern 82

BONUS-Seiten 87

Die Psychologie der Klimakrise 89

Warum wir es nicht einfach machen … und stattdessen lieber Ausreden finden … 89

Und was ist mit dem Recht auf freie Meinungsäußerung? 94

Einfach mal tief durchatmen. 94

Was ist mit der Freiheit der Meinungsäußerung? 95

Die Seifenblase 96

Rechtliche Bestimmungen zum Schutz der Persönlichkeitsrechte 97

Klimasekte, Klimahysterie und die bezahlte Lüge 98

Was sind die Folgen? 100

Was bedeutet das jetzt alles? 101

Endnoten 102

Bildquellen 108

Einleitung

Die Zeit der Fakten ist vorbei. Diesen Eindruck könnte man gewinnen, wenn man soziale Netzwerke öffnet oder Videos im Internet schaut. Selbst der Blick in so manche Medien lässt das Gefühl aufkommen, dass wir uns bereits in einem postfaktischen Zeitalter befinden. Einem Zeitalter, in dem Meinungen oder Gefühle auf einmal mehr zu zählen scheinen als wissenschaftliche Erkenntnisse, Fakten oder alles, was bisher im gesellschaftlichen Konsens als Wahrheit gegolten hat und als Ausgangspunkt interessanter Diskussionen diente.

Vielleicht ist es Ihnen selbst schon einmal so ergangen: Sie finden sich in einer Gesellschaft wieder, in der jemand Dinge behauptet, von denen Sie wissen, dass sie falsch sind. Sehr oft werden diese falschen Informationen auch noch sehr vehement und lautstark verbreitet. Gegen Argumente sind diese Menschen dann oft immun. Sie halten an ihren „alternativen“ Fakten fest. Besonders schwierig wird es, wenn sich Menschen aus unserem Freundeskreis oder der eigenen Familie in ihrer erfundenen Scheinwelt so verschließen, dass sie nichts mehr an sich heranlassen, was ihrem Glauben oder ihrer Meinung widersprechen würde, selbst wenn Fakten eindeutig das Gegenteil beweisen.

Es gibt keine „alternativen" Fakten. Unsere Erde wird zu keiner flachen Scheibe, nur weil jemand ganz fest daran glaubt. Unwahrheiten und Lügen werden nicht zu „alternativen" Fakten. Egal, woher sie kommen, egal, wie lautstark sie propagiert werden, der Inhalt bleibt schlicht falsch. Wir können uns unsere Welt nicht machen, wie sie uns gefällt, wie Pippi Langstrumpf einst sang.

Jeder Mensch hat das Recht auf eine eigene Meinung, aber nicht auf eigene Fakten.

Wir leben in einer Zeit, in der die Menschen so gut informiert sind wie noch nie, der Zugang zu Wissen war niemals zuvor so einfach wie heute. Und dennoch werden Falschmeldungen und Verschwörungstheorien zu einem wachsenden Problem für uns und unsere Gesellschaft, die zunehmend polarisiert und gespalten ist. Von Entscheidungsträger:innen erschaffene Parallelrealitäten gefährden Demokratien und beeinflussen Wahlen.

Früher hat man sich geniert, wenn man beim Lügen erwischt wurde, war einsichtig, wenn sich im Verlauf eines Gesprächs ergeben hat, dass man falschlag. Heute scheinen Lügen und Unwahrheiten kein Hindernis mehr zu sein. Im Gegenteil, sie öffnen manchen Menschen weitere Türen auf ihrem Karriereweg, nicht selten bis in den Vorstand oder Aufsichtsrat großer Unternehmen. Selbst hohe Ämter in der Politik bleiben erreichbar, immer öfter sogar leichter aufgrund von Unwahrheiten, falschen Behauptungen und leeren Versprechen. Postfaktische Rhetorik ist längst zur politischen Taktik geworden, ganz nach dem Motto: „Zuerst kontrollierst du die Wahrheit, dann kontrollierst du die Menschen." Was wir früher nur aus autoritär geführten Staaten kannten, hält heute Einzug in demokratische Systeme.

Wissenschaftliche Fakten zu Klimawandel und Klimaschutz stehen schon lange unter Beschuss. Mit Lügen, Fake News und unwissenschaftlichen Studien wird immer wieder und immer öfter versucht, an Fakten zu rütteln, an denen es nicht zu rütteln gibt, Klimaschutzmaßnahmen zu verhindern, die dringend nötig sind, das Problem zu verharmlosen oder eben ganz zu leugnen. Diese Versuche werden sehr oft von fragwürdigen „Expert:innen" oder Interessenvertreter:innen unternommen. Viele von ihnen kommen etwa aus dem Umfeld der Öl-Lobby.[1] Dabei ist viel Geld im Spiel und die Methoden zeigen leider Wirkung. Die Klimalügen und Mythen werden so lange wiederholt, bis sie über unterschiedlichste Wege viele Menschen erreichen und diese verunsichern. Es ist für Laien sehr schwer, die Fehler zu entdecken, die Lügen zu entlarven, glaubwürdige Quellen von „alternativen" zu unterscheiden. Noch viel schwieriger ist es, diesen Klimalügen mit Fakten zu begegnen, es besser zu wissen und sie richtigzustellen.

Zum Glück waren die Erfinder:innen der Klimalügen und Mythen nicht sehr kreativ in ihrer Arbeit. Die Anzahl der aufgestellten Antithesen zum menschengemachten

Klimawandel ist überschaubar. Auf sozialen Netzwerken bekomme ich sie täglich zu lesen, immer wieder dieselben. Mittlerweile ist es sogar egal, ob ich dort etwas zu Klima oder Wetter poste, mit größter Wahrscheinlichkeit folgt bald eine der Klimalügen als Antwort. Keine davon kann mich noch überraschen. Im Gegenteil, es erfüllt mich zunehmend mit Langeweile, wieder und wieder dieselben falschen Argumente widerlegen zu müssen, immer wieder aufs Neue. Aus dieser Langeweile heraus entstand die Idee zu diesem Buch. Wieso nicht einfach mal die gängigen Klimalügen und Mythen sammeln und sie kompakt und leicht verständlich widerlegen? Gedacht, gesagt, getan!

Und hier sitze ich nun vor meiner Sammlung von Klimalügen und Mythen. Es sind nicht mehr als 23 geworden. Auf den folgenden Seiten werde ich nun alle nacheinander auf Grundlage wissenschaftlicher Erkenntnisse und Fakten widerlegen.

Dieses Buch ist natürlich auch für Leugner:innen des Klimawandels und Skeptiker:innen gedacht. Vor allem aber soll es allen Menschen helfen, die selbst schon erlebt haben, dass sie in einer Diskussion um Klimawandel und Klimaschutz keine Entgegnungen mehr parat hatten, obwohl sie sich sicher waren, dass die Aussagen des Gegenübers unwahr und falsch sind. Es soll als kleiner Begleiter fungieren, der einerseits vielleicht eigene Zweifel beseitigt, andererseits bei der Argumentation im Familien- und Freundeskreis oder im Berufs- oder Bildungsalltag unterstützen kann. Es soll Sie mit Gegenargumenten versorgen, um Bedenken zum Klimawandel auszuräumen. Natürlich ist dieses Buch auch gut geeignet, weitergeschenkt zu werden. An jene, die sich im Labyrinth der Klimalügen und Mythen verlaufen haben.

Letztendlich war es mir wichtig, Klarheit zu schaffen und den Fakten den nötigen Raum zu geben. Wir müssen den falschen Informationen fundierte Fakten entgegenhalten, mit aller Kraft und all unseren Möglichkeiten.

Sind Sie bereit mitzuerleben, wie sich 23 Lügen, Märchen und Mythen zum Thema Klima in Luft auflösen? Gut, dann kann es jetzt losgehen.

1 Die können nicht mal das Wetter für drei Tage vorhersagen, wollen aber wissen, wie das Klima in 100 Jahren ist

Kennen Sie den Unterschied zwischen Wetter und Klima? Als Wetter bezeichnen wir den aktuellen Zustand der Atmosphäre zu einem bestimmten Zeitpunkt, an einem bestimmten Ort, der in Gestalt von Sonnenschein, Regen, Wind, Wärme, Kälte und Bewölkung in Erscheinung tritt. Oder einfacher gesagt: Das Wetter ist das, was wir sehen und spüren, wenn wir aus dem Haus gehen. Wir sehen die Sonne, spüren den Regen oder den Wind, der uns um die Ohren weht, wir merken, ob uns warm oder kalt ist. Das Wetter können wir nicht nur sehen und spüren, wir können es auch messen. Sie haben sehr wahrscheinlich ein Thermometer zu Hause, an dem Sie ablesen können, wie warm es gerade ist. Auch die Windrichtung und die Stärke können wir messen, ebenso Regen oder Schnee, Luftfeuchtigkeit und Luftdruck. Für all diese Wettererscheinungen gibt es geeignete Messinstrumente.

Das Klima können wir nicht messen. Aber wir können es anhand der Vielzahl von meteorologischen Daten aus der Vergangenheit ermitteln. Die einzelnen Klimagrößen werden statistisch bestimmt und mathematisch berechnet. Das Klima ist der mittlere Zustand der Atmosphäre an einem bestimmten Ort oder in einem bestimmten Gebiet, und zwar über einen längeren Zeitraum. Das heißt, wir betrachten unser Wetter nicht nur an einem Ort und an einer Stelle, sondern in größeren Regionen, etwa einem Bundesland, in ganz Österreich, in Europa oder sogar rund um den Globus, auf unserer ganzen Welt. Und wir bilden Mittelwerte von Temperatur, Niederschlag, Wind und alle anderen Größen über längere Zeit. Als Zeitspanne für Untersuchungen des Klimas empfiehlt die Weltorganisation für Meteorologie (WMO – World Meteorological Organization) mindestens 30 Jahre, aber auch Betrachtungen über weit längere Zeiträume wie Jahrhunderte und Jahrtausende sind bei der Erforschung des Klimas gebräuchlich. Daraus erhalten wir einen Überblick, mit welchen Temperaturen wir in einer bestimmten Region unserer Erde rechnen müssen, wie oft und wie viel es dort durchschnittlich regnet oder schneit. Wir erlangen darüber hinaus auch Erkenntnisse, wie stark das Wetter dort um das klimatologische Mittel schwankt oder davon abweicht.

Wir wissen aus der Klima-Statistik also auch, wie hoch die höchste Temperatur in einer Region jemals war oder wie kalt es dort werden kann. Wir wissen, wie stark es dort regnen kann, und zwar an einem Tag, in einem Monat oder im ganzen Jahr. Wir können aus den statistischen Auswertungen auch erkennen, welche Jahreszeiten wärmer sind als andere, welche regenreich sind oder ob es hier auch schneien kann. Das kann Ihnen etwa helfen, die beste Reisezeit für Ihr Urlaubsziel zu finden.

Vielleicht wird der Unterschied zwischen Wetter und Klima auf folgende Weise klarer: Das Klima entscheidet, welche Kleidung in unserem Kleiderschrank hängt, das Wetter hingegen, was wir davon heute anziehen werden. In Österreich haben Sie sicherlich kurze Hosen und T-Shirts für den Sommer genauso wie einen dicken Pullover und Winterstiefel für den Winter in Ihrem Kleiderschrank. Sie haben vielleicht auch eine Skiausrüstung und ebenso Badesachen. Unser Klima reicht von Kälte mit Schnee im Winter bis hin zu Hitze mit Sonne und 40 °C im Sommer. Was Sie heute aber ausgewählt und angezogen haben, das hängt wohl eher vom aktuellen Wetter ab.

Wetter und Klima sind zwar verwandt, aber genauer betrachtet handelt es sich doch um zwei komplett verschiedene Paar Schuhe. Auch die Vorhersagen von Wetter und Klima unterscheiden sich grundlegend. Wenn wir es genau nehmen, und darum geht es hier, dann handelt es sich beim Klima gar nicht um Prognosen, sondern um Szenarien, die wir berechnen, da die Zukunft unseres Klimas ja auch davon abhängt, was wir tun oder eben lassen. Machen wir alles weiter wie bisher, dann wird es immer schneller immer wärmer. Ändern wir hingegen einige Gewohnheiten (z. B. indem wir nachhaltige Energie nutzen, vom Auto auf die Bahn umsteigen, bei der Ernährung tierische Produkte reduzieren und regionale, saisonale und Bio-Produkte wählen) und nehmen Klimaschutz ernst, so können wir die globale Erwärmung bremsen und sogar noch stoppen. Das heißt, wir bestimmen, wie sich das Klima in den nächsten Jahrzehnten verändern wird. Daher gibt es hier nicht **eine** Prognose, sondern verschiedene Möglichkeiten, die eintreten, je nachdem wie wir handeln. Das Wetter der nächsten Tage können wir dagegen nicht beeinflussen.

Wie gut sind nun aber unsere heutigen Wetterprognosen und Klimaszenarien? Die Wettervorhersage wird mit komplexen Computer-Modellen auf Basis von physikalischen Gesetzen berechnet. Alles in unserer Natur folgt diesen physikalischen Gesetzen, nichts passiert zufällig. Das Wetter ist daher auch vorhersagbar. Es gibt aber Einschränkungen. Diese entstehen zum einen dadurch, dass wir den aktuellen Zustand der Atmosphäre, also unseren Ausgangszustand, niemals exakt und genau beschreiben können, dafür haben wir zu wenige Messpunkte. Zum anderen ist die Rechenleistung beschränkt. Wir können also gar nicht so genau rechnen, wie wir das gerne hätten, sonst würden die Computer so lange brauchen, dass wir die Prognose für morgen erst übermorgen erhalten würden.

Durch die rasante Entwicklung der Leistung von Computern sind Wetterprognosen im Laufe der vergangenen 30 Jahre rasant besser geworden. Als ich im ORF 1995 begonnen habe, konnten wir in der Tat das Wetter nur für drei Tage sinnvoll vorhersagen. Heute rechnen unsere Modelle 15 Tage voraus. In den vergangenen 50 Jahren hat sich ihre Vorhersagegenauigkeit pro Jahrzehnt um etwa einen Tag verbessert. Heute ist die Prognose für die kommenden vier Tage so zuverlässig, wie es die 24-Stunden-Vorhersage vor 30 Jahren war.[2]

Auch die Berechnungen für die Entwicklung unseres Klimas hat sich in den letzten Jahrzehnten radikal verbessert. Immer besser verstehen wir die Zusammenhänge zwischen Ozeanen, Luft, Eisflächen und allen anderen Einflüssen auf unser Klima. Und wir sehen auch, dass die Klimaänderungen, die wir derzeit bereits beobachten und messen können, exakt im Rahmen der früheren Vorhersagen liegen. Klimaforscher:innen haben also bereits vor 20 und 30 Jahren sehr gut vorhersagen können, wo wir heute stehen. Viele haben übrigens schon damals klar vor diesen Entwicklungen gewarnt.

Die Behauptung, Meteorolog:innen könnten das Wetter nicht einmal für drei Tage vorhersagen, zielt also deutlich mehr auf Emotionen ab und beruht weniger auf Fakten. In der Tat können wir uns bereits sehr gut auf seriöse Wetterprognosen verlassen, und ebenso ernst sollten wir die Berechnungen von Klimatolog:innen nehmen. Beide Vorhersagen sind auf wissenschaftlicher Basis das Beste, was wir derzeit zur Verfügung haben. Oder anders: Die Trefferquote von Wetterprognosen ist hoch. Die Temperatur des nächsten Tages können wir mit einer Wahrscheinlichkeit von über 90 Prozent richtig vorhersagen, für die Windgeschwindigkeit sind die Prognosen über 95 Prozent richtig, und die Niederschlagsmenge stimmt in über 80 Prozent der Fälle.[3] Und frühere Klimaberechnungen bewahrheiten sich gerade.

Wir sollten uns hier nicht von unseren Gefühlen, Erinnerungen oder subjektiven Eindrücken leiten lassen, sondern wissenschaftlichen Fakten vertrauen.

2 Es könnte auch die Sonne sein

Die Sonne, jener Stern, der der Erde am nächsten ist, stellt das Zentrum unseres Sonnensystems dar. Die Sonne, um die sich alles dreht, ist fast 150 Millionen Kilometer von uns entfernt und mehr als 4,5 Milliarden Jahre alt. Diese Sonne können wir als gigantisches Mega-Kraftwerk sehen. Durch Kernfusion von Wasserstoff zu Helium wird Energie freigesetzt. Die Sonnenstrahlung fällt auf die Erde und ist eine Grundvoraussetzung für die gesamte Entwicklung auf unserem Planeten, natürlich auch für unser Leben. Die Sonne bestrahlt unsere Erde pro Jahr mit etwa 10.000-mal so viel Energie, wie wir Menschen verbrauchen.

Da liegt der Gedanke nahe: So viel Energie, das muss doch Einfluss auf unser Klima haben. Hat es natürlich auch. Die Sonne ist der Motor und Antrieb unseres Wetters, für die Vorgänge in unserer Atmosphäre und daher auch für das Klima. Da ist es auch naheliegend zu denken, dass Veränderungen unserer Sonne zu Veränderungen unseres Klimas führen. Dass die Sonne den Klimawandel verursacht, für die globale Erwärmung verantwortlich ist, das lese ich auf sozialen Netzwerken sehr oft. Selbst der damalige FPÖ-Chef und spätere Vizekanzler Österreichs, H. C. Strache, brachte diese Möglichkeit in einem Öl-Wahlduell mit Christian Kern im Jahr 2017 ins Spiel, als er meinte:

„Es gibt viele Wissenschaftler, die auch seit Jahrzehnten die ansteigenden Sonneneruptionen bemerken und dadurch auch zu dem Ergebnis kommen, dass unser gesamtes Planetensystem eine Erwärmung erlebt.“[4]

Von Sonneneruptionen spricht man, wenn die Sonne von Zeit zu Zeit große Mengen an hochenergetischen Teilchen ausspeit. Wenn diese Teilchen die Erde erreichen, zaubern sie Polarlichter an den Himmel. Sind diese Eruptionen sehr stark, können sie sogar die Atmosphäre in jener Schicht stören, in der GPS- und Kommunikationssignale übertragen werden.

Grundsätzlich wäre also der Verdacht nachvollziehbar, dass solche Eruptionen auch eine Auswirkung auf die Erdtemperatur haben. Wenn die Sonne aktiver wird, sollte es dann nicht auch wärmer werden? Also schauen wir uns an, was die Wissenschaft dazu zu sagen hat. Immerhin können wir die Energie, die uns die Sonne sendet, ja messen und Aufzeichnungen über die Sonnenaktivität gibt es schon lange. Daraus kann man gut ablesen, dass die Sonnenaktivität tatsächlich schwankt und einem Elf-Jahres-Rhythmus folgt. Das macht sich unter anderem an den Sonnenflecken bemerkbar. Sonnenflecken sind eine Erscheinung auf der Sonnenoberfläche, die schon im 17. Jahrhundert bekannt war.[5] Es handelt sich dabei um dunklere Gebiete in der Fotosphäre, der untersten Schicht der Sonnenatmosphäre, in denen die Temperatur etwas niedriger ist als in der Umgebung. Je mehr Sonnenflecken es gibt, desto aktiver ist die Sonne, und je aktiver die

Sonne ist, desto mehr Strahlungsenergie kommt auf der Erde an. Und das hat einen Einfluss auf unser Klima, und diesen hatte es auch schon in der Vergangenheit.[6]

Wenn wir uns aber die Größenordnung überlegen und uns anschauen, in welchem Ausmaß diese Zyklen die Sonnenaktivität erhöhen oder dann auch wieder senken, kommt nicht viel heraus. Die Änderung liegt im Promillebereich, die Strahlung nimmt also um nur ein Tausendstel zu und dann wieder ab,[7] das ist zu wenig, um den gemessenen Temperaturanstieg seit der Industrialisierung zu erklären.

Noch schwieriger, nein unmöglich wird es, der Sonne die Schuld an der aktuellen globalen Erwärmung in die Schuhe zu schieben, wenn wir uns die Messungen der solaren Aktivität seit 1960 ansehen, denn sie geht zurück.[8] Das müsste also einen abkühlenden Trend unserer Temperatur zur Folge haben. Von dem ist allerdings weit und breit nichts zu bemerken. Ganz im Gegenteil: Die Temperatur steigt seit damals noch schneller und stärker als zuvor.

Globale Temperatur – Sonnenaktivität

Solarstrahlung gemessen von Satelliten. Die linke Skala zeigt die Strahlungsintensität.

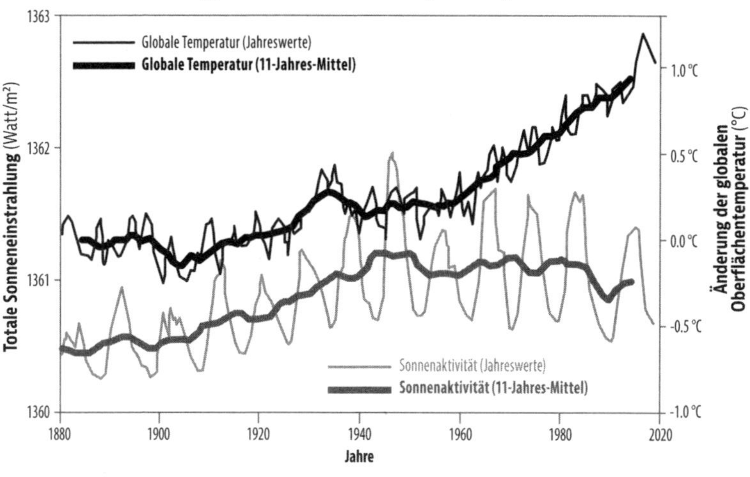

Die Sonnenaktivität und die globale Temperatur zeigen in den letzten Jahrzehnten also einen entgegengesetzten Trend oder anders: Die aktuelle globale Erwärmung, der Klimawandel, den wir erleben, wird nicht von der Sonne verursacht.

3 Andere Planeten werden auch wärmer

Der Klimawandel könne nicht von uns Menschen gemacht sein, schreiben mir immer wieder Menschen auf sozialen Netzwerken, denn auf anderen Planeten werde es ja schließlich auch wärmer. Angeführt werden meist Jupiter, Mars oder Pluto (ist der aktuell überhaupt noch ein Planet?). Ja selbst auf dem Mond werde es wärmer, empört sich mancher – und frohlockt, dass das ja wohl nicht am CO_2 (Kohlendioxid, Kohlenstoffdioxid) liegen kann und Menschen dort auch wahrlich nur selten zugegen sind.

Das wäre doch der Hammer! Nichts an unseren Gewohnheiten müssten wir ändern, denn wenn es auf anderen Planeten ebenfalls wärmer wird, dann liegt der Grund dafür – genauso wie für die Erwärmung bei uns auf der Erde – doch sicher auch woanders. Ja, aber wo? Und stimmt das überhaupt? Haben wir uns zu wichtig genommen, uns zu sehr auf uns konzentriert mit unserem irdischen Klimawandel? Wo doch hier postuliert wird, dass es in Wahrheit um etwas viel Größeres geht. Einen Klimawandel, eine Erwärmung im gesamten Sonnensystem! Vielleicht wird sogar das ganze

Universum immer wärmer – und wir sind dann nur unbedeutende Passagiere!

Okay, immer mit der Ruhe. Steigen wir noch einmal kurz auf die Bremse und schauen uns an, wie sich das Klima oder die Temperatur auf anderen Planeten verhält oder verändert. Leider folgt die Enttäuschung rasch, und es wird klar, dass mit der Annahme, es würde überall im Sonnensystem, auf allen Planeten und allen Monden, wärmer werden, ein grober Fehler vorliegt. Das stimmt schlicht und einfach nicht.

Nur bei rund sechs Planeten oder Monden (Venus, Mars, Neptun, Jupiter, Titan – und auch Pluto darf hier noch dabei sein) von insgesamt über 100 Himmelskörpern im Sonnensystem konnten Wissenschaftler:innen eine Erwärmung feststellen. Das sind definitiv zu wenige, um an der Theorie „Sonnensystemerwärmung" festzuhalten. Außerdem finden sich auch gegenläufige Trends, so kühlt Uranus aktuell gerade ab.[9]

Als Erklärung für eine Erwärmung vieler oder gar aller Planeten in unserem Sonnensystem käme außerdem nur eine Veränderung des Strahlungsantriebs durch die Sonne infrage, und diese Variante haben wir bereits in Kapitel 2 (s. S. 17) widerlegt. Was für die Erde gilt, gilt auch für die anderen Planeten in unserem Sonnensystem.

Übrigens gibt es für die Planeten und Monde, die tatsächlich gerade wärmer werden, plausible Erklärungen, die mit der Erwärmung auf der Erde nichts zu tun haben. Beim Mars etwa spielt feiner Staub an der Planetenoberfläche eine große Rolle. Der Staub wird von kräftigen Stürmen aufgewirbelt, gelangt in die Atmosphäre und verändert so die Albedo (das Rückstrahlvermögen).[10]

Jupiter wiederum kriegt von der Sonne nur vier Prozent der Sonnenstärke, die auf die Erde trifft, ab. Dort werden Stürme vielmehr durch die eigene innere Hitze angefacht. Sobald sich mehrere Stürme zu einem großen Sturm vereinen, verliert der Planet seine Fähigkeit zum Wärmeaustausch, wodurch es am Äquator des Planeten Jupiter wärmer wird.[11]

Aus diesen Beispielen können wir ablesen, dass Wetter und Klima auf anderen Planeten und Monden oft grundsätzlich anders als bei uns auf der Erde funktionieren. Vom Verhalten dort kann man nicht auf Veränderungen bei uns schließen, auch umgekehrt ist das nicht möglich.

4 Das Klima hat sich schon immer gewandelt

Endlich einmal eine Aussage der Leugner:innen des Klimawandels, der Skeptiker:innen und selbst ernannten „Selbstdenker:innen", die auch stimmt. Oh ja, und wie das stimmt! Ach, was hatten wir schon für Verhältnisse auf dieser Erde! Es ist absolut richtig, dass es die meiste Zeit der Erdgeschichte viel wärmer war als heute. In diesen Zeiten gab es keine Gletscher und kein Eis an den Polen. Man könnte sogar sagen, dass wir derzeit in einem Ausnahmezustand unserer Erde leben, einem Zustand, der uns aber sehr entgegenkommt und perfekte Bedingungen für unser Leben hier bietet.

Nun könnte man aus den Klimaveränderungen der Vergangenheit schließen, dass auch der aktuelle Klimawandel nichts mit uns zu tun haben kann. Wenn sich das Klima früher ohne unser Zutun geändert hat, dann könnte das ja auch jetzt der Fall sein. Wenn es ohne Autos, Flugzeuge und Kohlekraftwerke auch schon wärmer war, dann haben diese vielleicht jetzt auch nichts damit zu tun.

Hierbei handelt es sich aber um einen Trugschluss. Diese Idee löst sich in heiße Luft auf, sobald wir uns die

Faktoren anschauen, die zu Klimaveränderungen führen können und die in der Vergangenheit dafür verantwortlich waren. So haben einst tatsächlich Veränderungen in der Helligkeit der Sonne zu einer heißeren Atmosphäre geführt. Große, besonders explosive Vulkanausbrüche können die Erde hingegen vorübergehend abkühlen. Bei Ausbrüchen dieser Dimension werden Vulkanasche und Schwefelsäure in die Atmosphäre geschleudert. Anders als Treibhausgase halten Asche und Säure nicht mehr Wärme in der Atmosphäre zurück, sondern wirken wie ein Schutzschild gegen die einfallende Sonnenstrahlung, erhöhen die Albedo der Erde, verdunkeln die Sonne, da sich die Reflexion der Sonnenstrahlung erhöht. Allerdings haben wir derzeit keine Vulkanausbrüche, die groß genug wären, um einen merkbaren Einfluss auf die Temperatur unserer Erde zu haben. Auch Veränderungen der Erdbahnparameter hatten ein anderes Klima zur Folge. In der langen Geschichte unserer Erde sind uns die meisten Ursachen für große Klimaveränderungen bekannt. Und wir können diese Ursachen auch messen, wie etwa die Sonnenstrahlung, Vulkanausbrüche, Erdbahnparameter etc. Alle Faktoren, die unser Klima verändern können, stehen unter ständiger Beobachtung. Wir sehen aus all diesen Aufzeichnungen, dass natürliche Ursachen für Klimaveränderungen in der Erdgeschichte derzeit keine Rolle spielen.[12] Sie scheiden also als Grund für die aktuelle globale Erwärmung aus.

Ja, das Klima auf unserer Erde hat sich seit Anbeginn verändert, das ist richtig. Daraus zu schließen, dass wir Menschen keinen Einfluss auf unser Klima haben, wäre hingegen falsch.

Übrigens waren auch frühere Klimaveränderungen, also jene ohne unser Zutun, niemals harmlos oder ohne Folgen. Ganz im Gegenteil gingen Veränderungen von Wetter und Klima auf unserer Erde meistens mit großen Katastrophen einher.[13] So starben zum Beispiel vor rund 250 Millionen Jahren ein Großteil aller Arten an Land und im Wasser aus. Durch einen Klimawandel. Auch das Ende der Dinosaurier vor 66 Millionen Jahren war die Folge eines Klimawandels, ausgelöst durch den Einschlag eines riesigen Asteroiden auf unserer Erde.[14]

5 CO_2 ist doch nur ein Spurengas

CO_2 ist der große Player beim aktuellen Klimawandel. Die rasch steigende Konzentration dieses Treibhausgases in der Atmosphäre ist hauptverantwortlich für den aktuellen globalen Temperaturanstieg. Das ist für manche Menschen schwer zu begreifen, handelt es sich bei CO_2 doch um ein Spurengas, das heißt, es kommt in unserer Atmosphäre nur in kleinen Mengen vor. Aktuell messen wir in unserer Luft 425 ppm (parts per million) CO_2. Das bedeutet, von einer Million Luftteilchen sind nur 425 CO_2.

Natürlich ist es legitim, die Frage zu stellen, wie eine so geringe Menge einer Substanz eine so große Wirkung auf unser Klima haben kann. Wenn wir uns aber ein paar Beispiele aus dem alltäglichen Leben ansehen, werden wir rasch merken, dass das durchaus funktionieren kann.

Wenn wir die 425 ppm in einen Prozentsatz umrechnen, dann erhalten wir ein bisschen mehr als 0,04 Prozent. Das klingt nicht nur wenig, das ist auch sehr wenig. Mathematisch anders ausgedrückt: etwas mehr als 0,4 Promille. Und damit sind wir nicht nur bei einer Einheit, die uns vielleicht bekannter ist, sondern auch bei einem Beispiel für: kleine Menge – große Wirkung.

Alkohol! Vielleicht trinken Sie ja auch ab und zu ein kühles Bier oder ein Achterl Wein. Wenn Sie noch mit dem Auto fahren müssen, werden Sie wohl besser ganz auf Alkohol verzichten oder sich einschränken, um nicht zu viel zu trinken. Als Anhaltspunkte gelten ein großes Bier oder ein Viertel Wein als Menge, die Sie genießen können, um unter der gesetzlichen Grenze für Alkohol zu bleiben.[15] Diese Grenze liegt in Österreich wie in Deutschland bei 0,5 Promille, also nur knapp über der Konzentration von CO_2 in unserer Atmosphäre.

Ein anderes Beispiel gefällig? Wann haben Sie das letzte Mal Ihre Blutwerte kontrollieren lassen, und wie steht es da um Ihre Eisenwerte? Wurde vielleicht sogar ein Eisenmangel festgestellt? Eisen ist für den Körper lebensnotwendig, dabei macht der Anteil von Eisen nur etwa 4,4 ppm der Atome in Ihrem Körper aus, das sind 0,0044 Promille.

Auch für so manches Gift gilt: kleine Menge – große Wirkung. Denken Sie nur an Arsen. Die Einnahme von 60 bis 170 Milligramm Arsen gilt für Menschen als tödliche Dosis.[16] Das wären im Vergleich zu einem Körpergewicht von 75 Kilogramm lediglich 0,0008 Promille.

Aber kehren wir zurück in unsere Atmosphäre. Denn auch hier gibt es ein gutes Beispiel für eine große, für uns überlebenswichtige Wirkung eines Stoffs, der in noch geringerer Menge als CO_2 vorliegt. Ich spreche von der schützenden Ozonschicht in der hohen Atmosphäre. Diese Schicht finden wir in einer Höhe zwischen 15 und 30 Kilometer. Sie schützt uns Menschen vor gefährlicher

UV-B-Strahlung. Diese Ozonschicht ist auch wichtig für unsere Natur, da die absorbierte Strahlung organische Stoffe photochemisch zerlegen würde. Und siehe da, auch Ozon ist nur ein Spurengas und kommt sogar in einer geringeren Konzentration als CO_2 in unserer Atmosphäre vor. Sie beträgt lediglich 8 ppm in der Stratosphäre.

In Bodennähe dagegen hat Ozon manchmal eine sehr lästige Wirkung auf uns, da hier besonders im Zuge sommerlicher Hitze die Konzentration von Ozon stark ansteigt und bei vielen Menschen zu Reizerscheinungen der Augen (Tränenreiz), Atemwegsbeschwerden (Husten) und Kopfschmerzen führt.[17] Auch hier gilt: kleine Menge, große Wirkung. Diese Reizungen treten bereits bei einer Konzentration zwischen 0,1 bis 1 ppm auf, bei höherer Konzentration können auch Müdigkeit und Appetitlosigkeit hinzukommen.[18]

Dass CO_2 also nur ein Spurengas ist, das aufgrund der geringen Menge in unserer Atmosphäre keine Wirkung haben sollte, ist also kein wirklich gutes Argument, um gegen wissenschaftliche Fakten anzukommen.

Vielleicht noch ein Beispiel, das ich vor Kurzem in dem Buch „Unlearn CO_2" gefunden habe. Es stammt vom deutschen Klimaforscher Stefan Rahmstorf und illustriert sehr gut, dass wir zu Recht vor ähnlich kleinen Mengen oder Konzentrationen großen Respekt haben sollten, und lautet:

„Dieselbe Konzentration (0,4 Promille) erhält man übrigens, wenn man eintausend Liter Urin in ein normales olympisches Schwimmbecken schüttet – viel Spaß beim Schwimmen!"[19]

6 Mehr CO_2 ist gut für die Pflanzen

Bleiben wir bei der Konzentration von CO_2 in unserer Atmosphäre, so finden wir ein weiteres Beispiel dafür, dass sich die Argumentation von Klimawandelleugner:innen oftmals im Kreis dreht. Während wir uns in Kapitel 5 (s. S. 27) mit der Annahme auseinandergesetzt haben, dass CO_2 wegen seines geringen Vorkommens gar keine Wirkung hat, gibt es auf der anderen Seite die irrwitzige Annahme, dass die steigende Konzentration des Treibhausgases kein Problem darstellt, sondern sogar nützlich für das Pflanzenwachstum auf der Erde sein soll.

Gut, dass das CO_2, das wir zusätzlich in die Atmosphäre blasen, eine belastende Wirkung auf unser Klima hat, steht wissenschaftlich außer Streit. Hat es aber auf der anderen Seite einen positiven Effekt auf Pflanzen? Hier ist die Antwort nicht so einfach und auch nicht ganz so klar.

Unbestritten ist, dass Pflanzen CO_2 für die Photosynthese benötigen. Bei diesem Prozess nimmt eine Pflanze CO_2 aus der Atmosphäre auf und wandelt es mithilfe von Sonnenenergie und Wasser in Glukose, also Zucker, um. Der Zucker wird in der Pflanze gespeichert, der Sauerstoff abgegeben. Aber führt mehr CO_2 automatisch und ganz einfach dazu, dass Pflanzen, die vorhanden sind, besser gedeihen? Keineswegs! Wer das vermutet, irrt, denn er lässt außer Acht, dass die Pflanze, um gut zu gedeihen, auch andere Nährstoffe braucht. Dazu gehören verschiedene Stickstoffverbindungen, Phosphor, Kalium, Eisen, Zink und andere wichtige Spurenelemente, Zusätze, die Pflanzen in guter Erde finden oder die als Dünger zugeführt werden. Steigt die CO_2-Konzentration an, können manche Pflanzen weniger dieser Nährstoffe aufnehmen.

Andere Pflanzen profitieren zunächst durchaus von mehr CO_2 und gedeihen besser. Durch die „düngende Wirkung“ könnte unsere Erde also theoretisch etwas grüner werden. Aber sehr bald ist auch hier eine Grenze erreicht, es stellt sich eine Sättigung ein, und in der Folge kann es sogar zu einer Übersättigung kommen, die den Pflanzen schadet. Wir können aus dem Zusammenhang zwischen CO_2 und Pflanzenwachstum also keine „positive“ Seite des Klimawandels finden oder erfinden. Vielmehr kommen Wissenschaftler:innen zu dem Schluss, dass die negativen Effekte auf die Pflanzen überwiegen. Durch die steigenden Temperaturen geraten sie in Stress, häufigere Extremwetterlagen stören und zerstören unsere Natur. Neue Studien zeigen auch, dass ein höheres CO_2-Angebot in der Luft negative Auswirkungen auf die Qualität von Nahrungspflanzen hat. Mit CO_2 gedüngtes Getreide ist weniger nahrhaft, da sich weniger Protein in den Körnern anreichert. Reispflanzen enthalten deutlich weniger Eisen, Zink und B-Vitamine, selbst wenn sich die Menge des Treibhausgases nur geringfügig erhöht. Die CO_2-Menge verändert anscheinend nicht nur die Photosyntheserate, sondern die gesamte Biochemie der Pflanze.[20]

Darüber hinaus bleibt die Frage: Was nutzt uns eine noch so grüne Erde, wenn wir Menschen hier nicht mehr gut oder am Ende gar nicht mehr leben können?

7 Die einen sagen so, die anderen so

Viele Fake News, Mythen und Lügen über den Klimawandel haben das Ziel, Unsicherheit zu verbreiten und die harten Fakten der Wissenschaft zumindest in ein „gefühltes" Wanken zu bringen. Stets in der Hoffnung, dass in den Köpfen der Menschen irgendetwas davon hängen bleibt und Zweifel entstehen. Eine beliebte Strategie besteht darin, immer wieder zu betonen, dass die Wissenschaft sich beim Thema menschengemachter Klimawandel gar nicht so einig ist, weder über die Ursachen noch über die Folgen. Auch in manchen Medien tauchen immer wieder sogenannte oder gar selbst ernannte „Expert:innen" auf, die erklären, dass alles ganz anders sei.

Wie es tatsächlich um den Konsens in der Klimawissenschaft steht, wie einig oder uneinig sich die wahren Expert:innen sind, zeigt einmal mehr eine umfangreiche Studie aus dem Jahr 2024, an der auch die Universität Wien beteiligt war.[21]

10.527 Menschen in 27 Staaten auf der ganzen Welt wurden befragt, wie sie den wissenschaftlichen Konsens zum Thema Klimaerwärmung einschätzen. Der

Durchschnittswert der Antworten lag in Österreich bei 86,4 Prozent, in Deutschland bei 89,5 und in China bei 76,1 Prozent.

Aktuelle Analysen zeigen, dass die Übereinstimmung in der Frage, ob wir Menschen die aktuelle globale Erwärmung verursachen, unter Wissenschaftler:innen aber deutlich höher liegt, nämlich bei 99,9 Prozent. Einer Erhebung aus dem Jahr 2013 zufolge unterstützten schon damals 97 Prozent der wissenschaftlichen Artikel diese Position. Die übrigen drei Prozent sprachen sich auch nicht dagegen aus, vielmehr standen sie noch vor einigen offenen Fragen und konnten nicht mit absoluter Sicherheit antworten.

Die Wissenschaft ist sich in den Fragen zum Klimawandel also einig, die physikalischen Erklärungen sind nachvollziehbar, dennoch werden wir weiterhin damit leben müssen, dass sich online immer wieder einmal ein anonymer Troll zu Wort meldet, der meint, es besser zu wissen als Tausende Klimawissenschaftler:innen rund um den Globus.

Wissenschaftler
Ihr liegt alle falsch!
Der Mann, der ein Youtube-Video gesehen hat.

8 Mehr als 1.100 Wissenschaftler:innen erklären: Es gibt keinen Klimanotstand

Im Internet kursiert ein angeblich wissenschaftliches Dokument, das die Erderwärmung in Zweifel zieht. Unter dem Titel „Es gibt keinen Klimanotstand" haben mehr als 1.100 Menschen eine sogenannte „Weltklimaerklärung" unterzeichnet. Wenn wir uns die Liste der Unterschriften genauer ansehen, merken wir, dass weniger als ein Prozent der aufgeführten Namen sich selbst als Klimawissenschaftler:innen bezeichnen. Viele der Unterzeichnenden haben dagegen Verbindungen zu klimawandelskeptischen Organisationen oder Unternehmen, die im fossilen Sektor tätig sind. Unter den weiteren Unterzeichnenden finden sich Fischer:innen, Pilot:innen, Musiker:innen, Anwält:innen, Linguist:innen, pensionierte Lehrer:innen, Urolog:innen, Psychoanalytiker:innen und mindestens drei Vertreter:innen einer Energiegewerkschaft. Auch ein Sommelier ist dabei.[22]

Die „Weltklimaerklärung", die auf einer Seite zusammengefasst ist, spiegelt nicht den aktuellen wissenschaftlichen Forschungsstand über die Erderwärmung wider und enthält eine Reihe von Behauptungen, die von Klimaforschenden bereits widerlegt wurden. So wird in der Erklärung etwa fälschlicherweise beschrieben, es gäbe keine statistischen Beweise dafür, dass die globale Erwärmung Hurrikans, Überschwemmungen, Dürren und ähnliche Naturkatastrophen verstärkt oder häufiger auftreten lässt.[23]

Der Sechste Sachstandsbericht, auch Weltklimabericht genannt, des Weltklimarats IPCC (Intergovernmental Panel on Climate Change) umfasst dagegen 9.000 Seiten und liefert eindeutige Beweise für eine vom Menschen verursachte globale Erwärmung und einen Klimanotstand.[24] Dieser Bericht basiert auf den Erkenntnissen von 234 Wissenschaftler:innen zu den physikalischen Prozessen des Klimawandels, von 270 Wissenschaftler:innen zu den Auswirkungen, der Anpassung an und der Verletzlichkeit gegenüber dem Klimawandel sowie von 278 Wissenschaftler:innen zu einer möglichen Abschwächung des Klimawandels. Damit bietet der IPCC-Bericht die umfassendste und beste verfügbare wissenschaftliche Bewertung des Klimawandels, die wir derzeit haben.[25]

Mir ist sehr klar, welchen Wissenschaftler:innen ich hier lieber glaube.

9 Ein einziger Vulkan stößt in zwei Sekunden so viel CO_2 aus wie die gesamte Menschheit in einem Jahr

Sehr beliebt in sozialen Netzwerken sind Bilder, die einen seriösen, vielleicht sogar wissenschaftlichen Hintergrund vorspielen, die dann aber ergänzt oder verändert werden, oft mit Aussagen, die in der ursprünglichen Quelle niemals zu finden sind. So werden Fakten als Märchen geframt. Ein Beispiel dafür wurde mir kürzlich erst als mögliche Begründung für die globale Erwärmung zugepostet:

Zur Zeit sind weltweit über 29 Vulkane aktiv

Ein einziger Vulkan stößt in zwei Sekunden so viel CO_2 aus wie die gesamte Menschheit in einem Jahr.

So viel zum Märchen vom menschengemachten Klimawandel

Immerhin lesen wir hier, dass CO_2 die Ursache für den Klimawandel ist, das ist ja schon einmal ein Fortschritt im Vergleich zu einigen anderen Aussagen. Und wir sehen im Hintergrund, dass derzeit tatsächlich einige Vulkane aktiv sind. Auch das ist richtig, selbst wenn die meisten davon aktuell nur ein bisschen vor sich hin brodeln.

Vulkane haben durchaus eine Auswirkung auf unser Klima. Große Vulkanausbrüche schleudern so viel Asche in die Atmosphäre, dass dies vorübergehend zu einer Abschattung und weniger Sonneneinstrahlung führt. Dies verursacht dann eine zeitweilige Abkühlung – nicht nur theoretisch, das ist in der Vergangenheit schon öfter der Fall gewesen. Für einen messbaren Effekt braucht es aber tatsächlich richtig große Ausbrüche mit gigantischen Lava- und Asche-Ausstößen. Ein Beispiel dafür sind die Auswirkungen des Tambora-Ausbruchs im April 1815 in Indonesien. Sie waren weltweit zu spüren und es folgte das Jahr 1816, das als das berüchtigte „Jahr ohne Sommer“ mit katastrophalen Auswirkungen auf die Landwirtschaft in die Geschichtsbücher einging.

Auch nach dem Ausbruch des Pinatubo im Jahr 1991 war eine leichte globale Abkühlung messbar. Nur: Diese Auswirkungen sind kurzfristig und sie haben nichts mit Treibhausgasen wie CO_2 zu tun, sondern mit Schwefel. Vulkane spucken tatsächlich enorme Mengen Schwefelpartikel in die Luft, die das Sonnenlicht reflektieren – sie legen einen großen dünnen Schleier über den Himmel, der dazu führt, dass weniger Sonnenlicht zur Erde gelangt.[26]

Dieser Effekt hält aber nur ein, maximal zwei bis drei Jahre an, dann hat sich die Atmosphäre wieder normalisiert.

Richtig ist auch, dass Vulkane bei einer Eruption CO_2 freisetzen und in unsere Atmosphäre einbringen. Und wir wissen ja, dass mehr CO_2 in der Luft zu einer Erwärmung führt.

Sind die Vulkane also doch verantwortlich für die globale Erwärmung, und stoßen sie tatsächlich mehr CO_2 aus, als wir Menschen es tun?

Die Antwort ist wieder einmal einfach: NEIN!

Recht einfach wird klar, dass es nicht die Vulkane sein können, wenn wir uns die CO_2-Konzentration über die letzten 2000 Jahre anschauen.

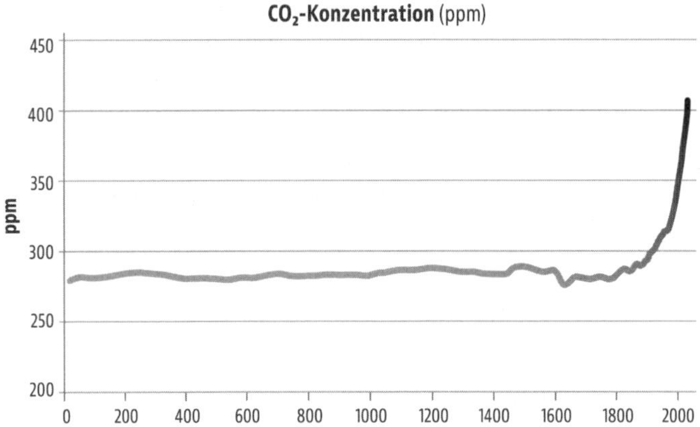

In dieser Zeit gab es immer wieder Vulkanausbrüche,[27] oftmals auch sehr große, doch die Konzentration von CO_2 in der Atmosphäre blieb konstant. Sie stieg erst signifikant an, als wir Menschen begonnen haben, fossile Energieträger wie Kohle, Erdöl oder Erdgas zu verheizen, also mit dem Beginn der Industrialisierung. Die Grafik und die Daten zeigen sehr deutlich, dass wir Menschen viel mehr CO_2 ausstoßen, als Vulkane es tun.

Aus Eisbohrkernen können wir auch nachweisen, dass der CO_2-Gehalt vor der Industrialisierung sogar über zehntausend Jahre relativ stabil war, obwohl auch in diesen zehntausend Jahren natürlich immer wieder Vulkane ausgebrochen sind.

Wir können auch die Emissionsraten vergleichen. Derzeit stoßen wir Menschen täglich rund 100 Millionen Tonnen CO_2 aus. Die vulkanischen CO_2-Emissionen sind dagegen viel geringer. Sie betragen etwa 300 bis 600 Millionen Tonnen Kohlenstoffdioxid, allerdings pro Jahr, das entspricht – verglichen mit den Emissionen des Menschen – lediglich 0,7 bis 1,5 Prozent.[28]

Alle Vulkane zusammen stoßen in einem Jahr lediglich so viel CO_2 aus wie wir Menschen in weniger als einer Woche.

10 CO_2 wird auf einem Vulkan gemessen, die Daten sagen nichts aus

Ist den Wissenschaftler:innen das denn nicht aufgefallen? Die bekanntesten Messungen und Aufzeichnungen der CO_2-Konzentration in unserer Atmosphäre stammen direkt von der Spitze eines Vulkans. Tatsächlich wird der Anteil an CO_2 in unserer Luft am Mauna Loa Observatorium auf Hawaii gemessen, einem Vulkan. Immer wieder wird von Skeptiker:innen der Verdacht geäußert, dass der Anstieg der Konzentration seine Ursache in den Emissionen des Vulkans findet und die Werte überhaupt nur deswegen so hoch seien.

Der Mauna Loa zählt zu den größten aktiven Vulkanen der Erde. Hier werden regelmäßig Messungen zur CO_2-Konzentration in der Erdatmosphäre vorgenommen. Die auch als Keeling-Kurve bekannte Messreihe wurde vom Forscher Charles David Keeling von der Scripps Institution of Oceanography (SIO) 1958 ins Leben gerufen und stellt die längste direkte Aufzeichnung des atmosphärischen CO_2-Gehalts dar.[29]

Der Ort ist nicht zufällig gewählt, vielmehr scheint die Lage des Observatoriums für die Aufzeichnungen geradezu ideal. Der Vorteil des Messtandortes besteht darin, dass die Station fern ab von jeglicher Zivilisation liegt und man damit einigermaßen ungestört messen kann. Zivilisationsnah stören etwa die Abgase von Verbrennungsmotoren die Messung.[30] Aber was ist jetzt mit dem Vulkan? Stört der die Messungen nicht und liefert damit ein völlig falsches Bild?

Dass Vulkane grundsätzlich CO_2 ausstoßen können, ist richtig. Daher sind die Behauptungen über eine angebliche Beeinflussung der Messungen am Mauna Loa durch vulkanische Emissionen nicht neu.

Doch die Gegebenheiten vor Ort können von Forscher:innen genau erklärt werden: „Wenn man sich die minutengenauen Daten vom Mauna Loa ansieht, findet man seltene Fälle, in denen der CO_2-Ausstoß durch die Emissionen von Fumarolen in Windrichtung am Berg

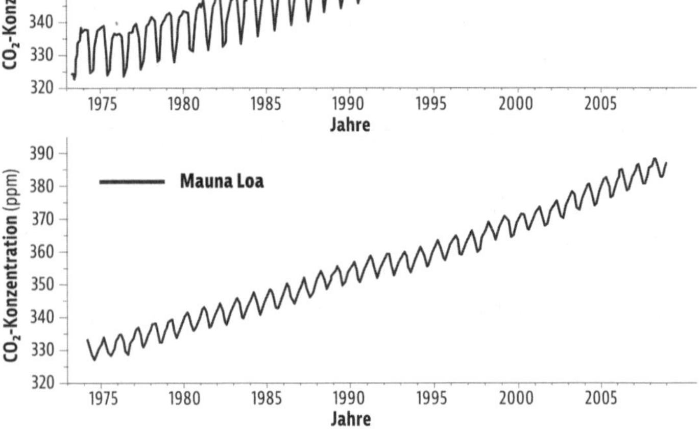

erhöht ist."[31] Als Fumarolen bezeichnet man Spalten und Löcher im Vulkan, an denen immer wieder Wasserdampf und vulkanische Gase austreten. Dabei entweicht auch CO_2. Dreht nun der Wind in Richtung der Messgeräte, kommt es zu Schwankungen in den aufgezeichneten Daten. Diese Einflüsse treten meistens in der Nacht auf, sie unterscheiden sich vom Rest der Daten und können daher entsprechend herausgefiltert werden.

Wir können die Aufzeichnungen und Daten aus Hawaii also glauben. Übrigens verteilt sich das CO_2 sehr gleichmäßig in unserer Atmosphäre und die Konzentration wird nicht nur hier gemessen, sondern rund um den Globus, etwa auch in Österreich am Sonnblick-Observatorium.[32] Die Kurven gleichen jenen auf Hawaii und anderen Messungen überall auf der Erde und zeigen klar den deutlichen Anstieg seit der Industrialisierung.

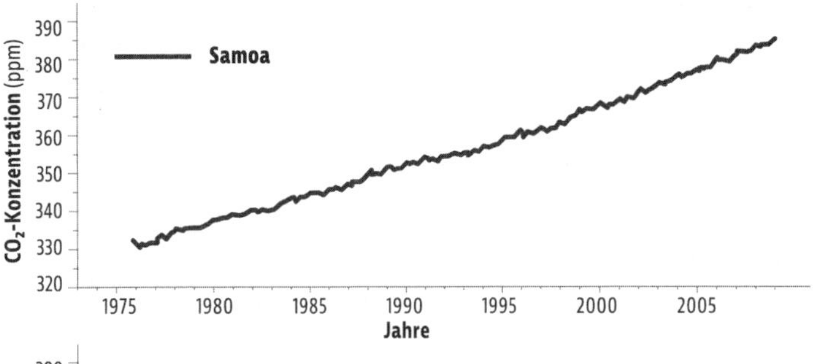

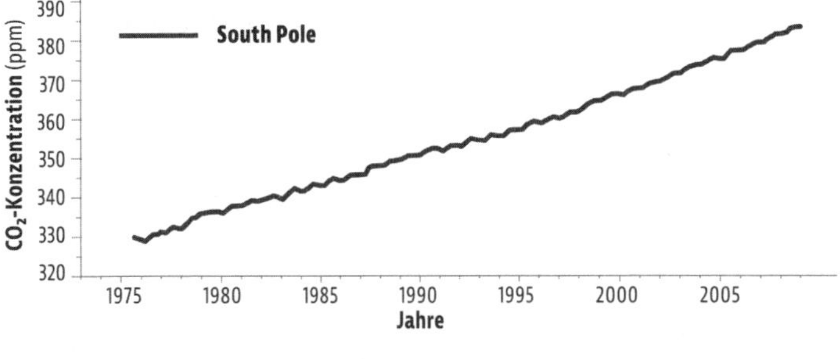

11 In den 1970er-Jahren wurde uns noch eine neue Eiszeit angekündigt

Wenn Sie als Leser:in gerade so alt sind wie ich oder vielleicht etwas älter, dann können Sie sich vielleicht noch erinnern, dass es Anfang bis Mitte der 1970er-Jahre tatsächlich in einigen Medien große Aufregung gab: Angeblich würden wir auf eine neue Eiszeit zusteuern. Auch heute noch verkünden manche Boulevard-Medien regelmäßig im Herbst, wie bitterkalt der Winter denn nicht werden würde. Von 100 Tagen „Frost-Keule" bis hin zur immer wiederkehrenden „Russenpeitsche" ist das alles immer wieder zu lesen und weckt natürlich das Interesse. Online zählen solche Artikel zu den meistgeklickten.

All das wird auf sozialen Netzwerken fleißig geteilt und immer wieder hervorgekramt, auch in diesem Fall, um den Konsens zum Thema Klimawandel ins Wanken zu bringen. Es soll Unsicherheit gesät werden, indem man zu zeigen versucht, wie sich scheinbar die „Meinung" der Wissenschaftler:innen in nur wenigen Jahrzehnten ändern und von einem Extrem ins andere kippen kann. Zur bevorstehenden Eiszeit wurden damals auch ein paar

Bücher geschrieben, die meisten stammen allerdings nicht von Klimawissenschaftler:innen.

In der Boulevardpresse war viel über die Idee einer globalen Abkühlung zu lesen. Unter dem Motto „Eiszeit voraus" wurde nicht lange nach Quellen und Glaubwürdigkeit gefragt. Diesen Fragen sind allerdings Thomas Peterson und seine Kollegen nachgegangen. 2008 veröffentlichten sie ihre Arbeit mit dem Titel „The myth of the 1970s global cooling scientific consensus".[33] Sie wollten der Sache genauer auf den Grund gehen, durchforsteten Studien von Expert:innen und begutachteten Arbeiten und Artikel zum Thema Klima, die in den Sammlungen von Nature, JSTOR und der American Meteorological Society archiviert sind und zwischen 1965 und 1979 veröffentlicht wurden. Diese Arbeiten und Artikel wurden nach wissenschaftlichen Maßstäben analysiert und bewertet. Aber wurde das Team auf der Suche nach einem Konsens über die globale Abkühlung fündig? Nein, natürlich nicht.

Untersuchung von 68 wissenschaftlichen Studien zum Thema „Global Cooling" aus den Jahren 1965 bis 1979
(Peterson, 2008)

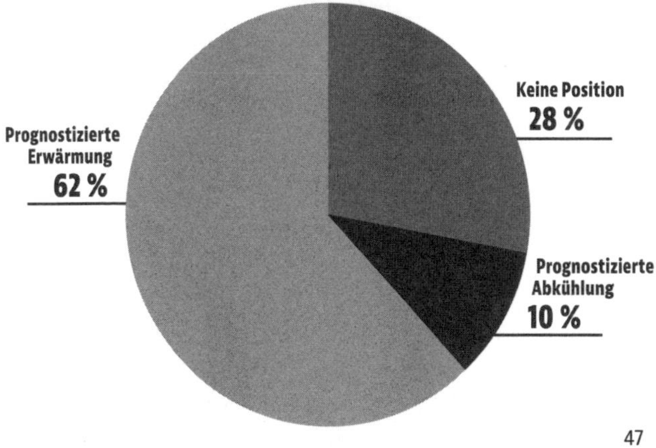

Das Ergebnis war klar. Entgegen den „Horror-Geschichten“ mancher Medien wurde in nur zehn Prozent der Arbeiten eine Abkühlung vorhergesagt. Eine klare Mehrheit, ganze 62 Prozent, sagte hingegen schon damals eine globale Erwärmung voraus. Die übrigen 28 Prozent machten keine Angaben.

Was können wir also aus dieser Studie schließen? Für manche Medien gilt offensichtlich: „Fakten und Wahrheit dürfen einer guten Geschichte nie im Wege stehen.“

Wir allerdings sollten uns heute tunlichst an Fakten und dem wissenschaftlichen Stand der Dinge orientieren.

12 Im Mittelalter war es wärmer als heute

Sehr oft zu lesen ist auch, in der Mittelalterlichen Warmzeit (etwa vom neunten bis zum 14. Jahrhundert) sei es genauso warm gewesen wie heute – oder gar noch wärmer. Das soll vermitteln, dass die heutige Erwärmung nichts Außergewöhnliches sei. Ganz im Gegenteil: Sie sei ebenso durch natürliche Ursachen zu erklären und wir Menschen seien dafür nicht verantwortlich. Schließlich sind die Ritter ja sicherlich nicht mit Autos auf ihre Kreuzzüge gefahren und deren Pferde haben bestimmt nicht so viel Methan ausgerülpst wie unsere Kühe. Vielleicht will man mit der Aussage auch andeuten, dass ein wärmeres Klima gar nicht so problematisch wäre.

Untermauert wird die Aussage immer wieder mit einer Grafik, die Ihnen vielleicht auch schon einmal untergekommen ist. Die Argumente und die Grafik mögen vielleicht (auf den ersten Blick) noch nachvollziehbar aussehen und die Zahlen glaubwürdig klingen, doch wissenschaftlich halten beide nicht.

Die Mittelalterliche Warmzeit ist ein sehr regionales Phänomen. Es gibt nachvollziehbare Belege dafür, dass

Bodennahe nordhemisphärische Mitteltemperaturen der letzten 11.000 Jahre
(verändert nach Dansgaard et. al., 1969 und Schönwiese, 1995)

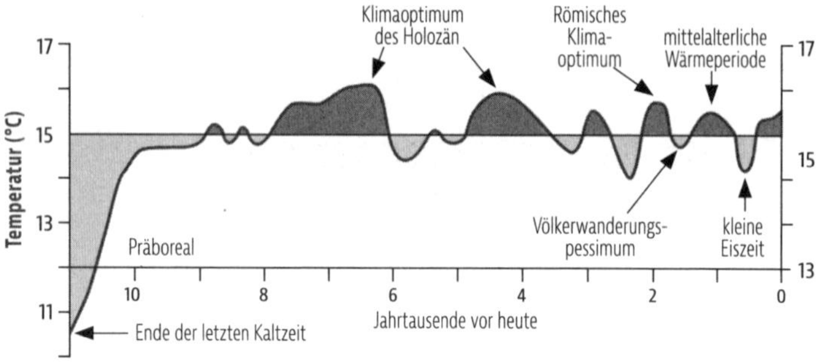

Teile unserer Erde, auch Teile Europas, zu dieser Zeit warm waren, vereinzelt sogar ähnlich warm wie heute. Gleichzeitig war es an anderen Orten der Erde wesentlich kälter als heute, etwa im tropischen Pazifik. Betrachten wir die mittlere globale Temperatur, so heben sich die warmen und kalten Regionen auf und von einer Mittelalterlichen Warmzeit ist nichts zu sehen. Ebenso wenig Spuren in der globalen Temperaturkurve hat übrigens die „Kleine Eiszeit" vom Ende des 16. Jahrhunderts bis in das letzte Drittel des 17. Jahrhunderts hinterlassen, die nach manchen Behauptungen danach stattgefunden haben soll.[34]

Die gezeigte Grafik findet sich in einem Buch von Christian Schönwiese aus dem Jahr 1995.[35] Schönwiese skizzierte seinerzeit, als die Paläoklimaforschung (also die Klimaforschung, die auf weit zurückliegende Spuren zurückgreift und sich mit dem Klima der Zeit befasst, bevor es instrumentelle Aufzeichnungen gab) erst ganz am Anfang stand, eine schematische Kurve von Hand, auf Basis des ersten modernen Eisbohrkerns.[36] Dieser

Eisbohrkern stammte aber aus dem Nordwesten Grönlands und spiegelte daher lediglich die lokalen Temperaturveränderungen in dieser Region wider.[37] Die Bohrung wurde zwischen 1960 und 1966 durchgeführt, also bevor die globale Erwärmung an Fahrt aufgenommen hat. Der Kurve fehlt also ein gutes halbes Jahrhundert, in dem die Temperatur deutlich angestiegen ist. Heute liegt die Temperatur also wesentlich höher als hier dargestellt.

Der Weltklimarat (IPCC) bestätigt in seinem Sechsten Sachstandsbericht, dass die aktuelle Erwärmung der Erde beispiellos ist – mindestens mit Blick auf die vergangenen 2.000 Jahre, möglicherweise sogar auf die vergangenen 125.000 Jahre.[38]

Wir sehen daraus, wie wichtig es ist, nicht nur genau zwischen Wetter und Klima zu unterscheiden, sondern auch zwischen lokalen Ereignissen und globalen Veränderungen.

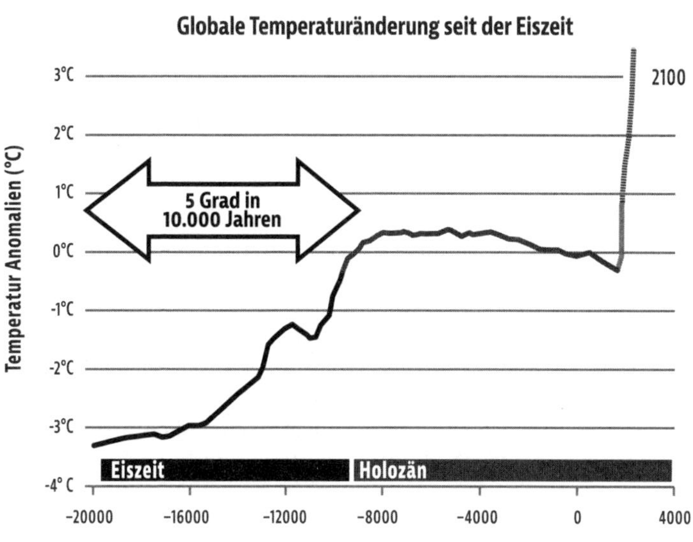

13 Grönland war eine grüne Insel

Grundsätzlich muss man Skeptiker:innen, die postulieren, dass Grönland einmal eine grüne Insel war, Recht geben. Das ist richtig, dürfte aber 400.000 bis 800.000 Jahre her sein. Tatsächlich fand man in Eisbohrkernen Spuren von Erlen, Fichten, Pinien und Eiben. Ebenso dürften damals wirbellose Tiere wie Käfer, Fliegen, Spinnen, Schmetterlinge und Motten auf Grönland gelebt haben.[39] Wie so oft bei Fake-Meldungen steckt also auch in diesem Fall ein Funken Wahrheit.

Sehr hartnäckig hält sich aber auch das Gerücht, dass es sogar in jüngerer Zeit, selbst im Mittelalter, auf Grönland wenig Eis und viel Grün gegeben hätte. Sehr oft wird dabei auch auf den Namen „Grönland" hingewiesen, der ja schon als Beleg dienen könne. So möchte man uns weismachen, dass das Grönlandeis immer wieder komme und gehe und sich die Verhältnisse selbst in jüngerer Klimageschichte (in den letzten 2000 Jahren) stark gewandelt hätten. Außerdem wäre eine Erwärmung ja durchaus erfreulich, denn eine grüne Insel bietet schließlich mehr Vorteile als ein „Eisbrocken".

Hier aber legt die Wissenschaft Einspruch ein, denn Grönland mag vor 1.000 Jahren vieles gewesen sein, aber ganz sicher nicht grün oder auch nur annähernd eisfrei. Der Eispanzer über Grönland hat aktuell an manchen Stellen eine Dicke von mehr als 3.200 Meter, mehr als 80 Prozent der Fläche Grönlands sind mit Eis bedeckt. Selbst in den Warmphasen in der Zeit vom neunten bis zum 14. Jahrhundert waren nur kleine Stellen an der Südspitze Grönlands eisfrei, an denen sich Gruppen von Wikingern niederließen und Siedlungen gründeten.

Den Namen erhielt das Land von Erik dem Roten, einem isländischen Mörder, der um das Jahr 982 auf die Insel ins Exil verbannt wurde. In der Hoffnung, dass der Name Siedler:innen anziehen würde, nannte er es „Grünland".[40]

Man könnte den Namen Grönland also auch als Marketing-Gag oder Slogan der frühen Tourismus-Branche in der Wikinger-Zeit sehen. Grün war die Insel, seit es Menschen auf der Erde gibt, aber nicht.

14 Der Klimawandel hat längst gestoppt

Aussagen wie diese finden wir im Internet in zahlreichen Varianten. Die globale Erwärmung lege eine Pause ein, oder der Klimawandel gehe zu bestimmten Zeitpunkten zu Ende. Die wohl häufigste und bekannteste Variante stammt vom deutschen Chemiker Fritz Vahrenholt, der in seinem Buch „Die kalte Sonne"[41] behauptet, dass die Erwärmung 1998 stoppte. Als Gründe wurden etwa eine Abnahme der Energiezufuhr durch die Sonnenstrahlung selbst und ein Nachlassen des Magnetfelds der Sonne angeführt. Vahrenholt stellte sogar eine nun folgende Abkühlung in Aussicht. Das Klima allerdings hielt sich nicht an diese pseudowissenschaftlichen Prognosen, die niemals in der einschlägigen Fachliteratur publiziert wurden, sondern setzte den eingeschlagenen Pfad der globalen Erwärmung fort.

Fakt ist, dass die zehn heißesten Jahre seit Messbeginn auf unserer Erde nach dem Jahr 2000 und damit auch nach der fälschlicherweise angekündigten Abkühlung aufgetreten sind. Warum aber wurde gerade 1998 als Höhepunkt ausgewählt? Die Antwort finden wir, wenn wir die globale Temperatur von Jahr zu Jahr betrachten. Hier erkennen wir, dass 1998 für damalige Verhältnisse ein extrem heißes Jahr und die Abweichung vom langjährigen Mittel groß war. Der Grund dafür lag in einem stark ausgeprägten El-Niño-Phänomen, also dem Auftreten ungewöhnlicher, nicht zyklischer, veränderter Meeresströmungen im ozeanografisch-meteorologischen System des äquatorialen Pazifiks.[42] Jene veränderten Meeresströmungen hatten auch 2023 und 2024 einen großen Einfluss und machten diese Jahre zu den bis dahin wärmsten der Messgeschichte.

Vorübergehend stellte 1998 damit auch tatsächlich einen Höhepunkt der globalen Erwärmung dar. Allerdings nicht lange: Wie wir heute wissen, zählt dieses Jahr nicht einmal mehr zu den zehn wärmsten seit Messbeginn. Ein „Stopp“ oder eine „Pause“ der globalen Erwärmung gab es also nicht. Lediglich schien das Tempo, in dem sich der Planet erwärmte, ein paar Jahre nicht so hoch zu sein wie zuvor. Dieser Umstand wurde dann gelegentlich als Argument benutzt, um die Existenz des menschengemachten Klimawandels insgesamt zu bestreiten.[43]

Der deutsche Klimawissenschaftler Stefan Rahmstorf hat die von Varenholt angekündigte Abkühlung den tatsächlichen Messdaten der NASA gegenübergestellt,[44] und der Vergleich macht uns sicher:

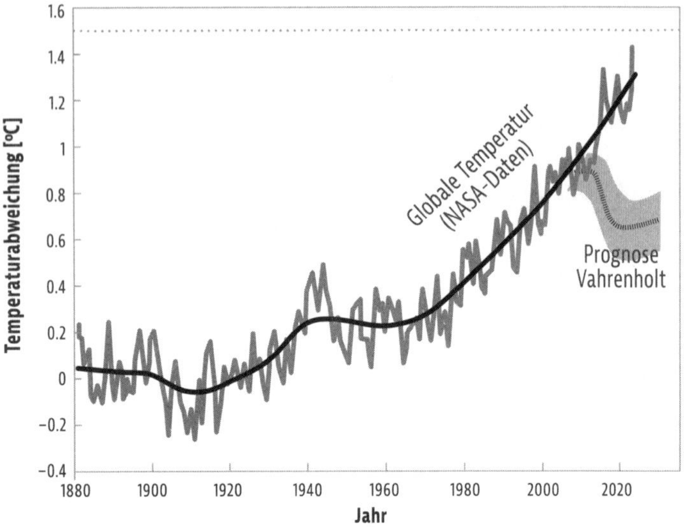

Aus einer angeblichen oder kurzzeitigen „Erwärmungspause“ lässt sich keineswegs schließen, dass es den vom Menschen verursachten Treibhauseffekt nicht gibt; auch nicht, dass dieser eine Pause macht oder schwächer sei als erwartet.

Dennoch werden diese kurzen Phasen immer wieder gezielt gesucht und dazu verwendet, um weiter Unsicherheit zu verbreiten, auch bei uns in Österreich.

15 Die Winter sind im Mittel nicht wärmer geworden

Diese Aussage bezieht sich nun auf Österreich, speziell auf unsere Alpen und die zahlreichen heimischen Skigebiete. Das Zitat stammt vom ehemaligen ÖSV-Präsidenten Peter Schröcksnadel. Ebenso ließ er verlauten: „Ich halte gar nichts vom Klimawandel."[45]

Nun, das ist eine Meinung, und es ist grundsätzlich schwierig, über etwas zu diskutieren, wenn jemand Fakten ignoriert und mit seiner Meinung dagegenhalten will. Daher bleiben wir doch lieber bei den Fakten, ganz egal, ob wir etwas vom Klimawandel halten oder nicht.

Wie schaut es in Österreich aus – auf unseren Bergen? Wird es tatsächlich nur im Sommer wärmer, wo wir es ja klar und deutlich spüren und auch alle Daten eine enorme Zunahme von heißen Tagen und Tropennächten zeigen? Ist unser Winter vom Klimawandel weniger oder gar nicht betroffen und müssen wir uns überhaupt keine Sorgen um das Skifahren der Zukunft machen?

Da finden wir zunächst einmal diese Aussagen: Im Projekt SNOWPAT führten die Zentralanstalt für

Meteorologie und Geodynamik (ZAMG) und die Universität Graz die bisher umfassendste Untersuchung zur Entwicklung der Schneelage in Österreich durch. Eines der Ergebnisse: Seit 1950 haben die Schneehöhen und die Dauer der Schneebedeckung in den meisten Regionen abgenommen.[46]

Und was passiert mit der Temperatur im Winter – auf unseren Bergen? Wird der Schnee weniger, aber die Temperatur verändert sich nicht? Auf diese Idee könnte man kommen, wenn man – wie im vorherigen Kapitel beschrieben – sich kurze Zeitfenster aussucht, die genau das darstellen, was man zeigen will. Dabei handelt es sich dann aber nicht um eine seriöse Analyse, sondern um sogenanntes Cherry-Picking. Also um eine Methode, die nur Belege oder Beispiele anführt, die die eigene Argumentation stützen, während andere Belege, die gegen die Argumentation sprechen oder sie gar widerlegen, bewusst weggelassen werden.[47]

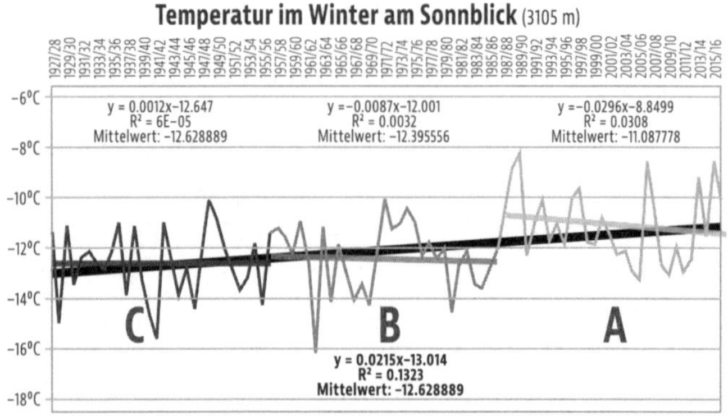

Am Sonnblick in den Hohen Tauern befindet sich auf mehr als 3.000 Meter Höhe ein Observatorium, das bereits 1886 gegründet wurde und meteorologische Parameter misst und aufzeichnet. So sehen wir auch den Temperaturverlauf im Winter über viele Jahre. Um zu zeigen, dass es im Winter nicht wärmer, sondern sogar kälter wird, könnten wir einfach die Phasen A, B oder C wählen. In diesen kurzen Zeiträumen sehen wir tatsächlich einen Trend zur Abkühlung im Winter. Es vernebelt allerdings den Blick aufs Große und Ganze. Betrachten wir die gesamte Messreihe von 1927/28 bis 2015/16, dann sehen wir klar, dass es auch im Winter auf unseren Bergen wärmer wird.

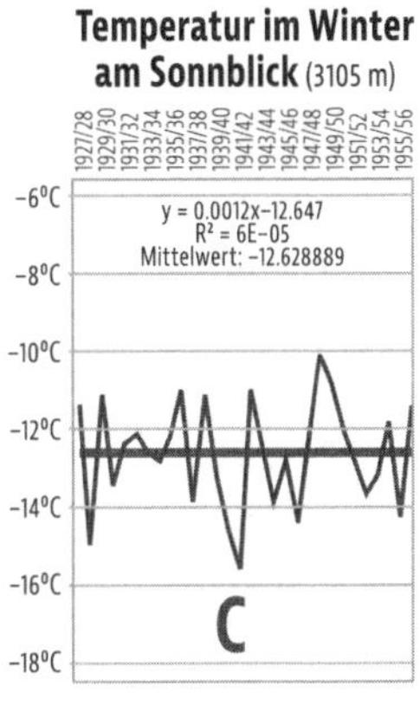

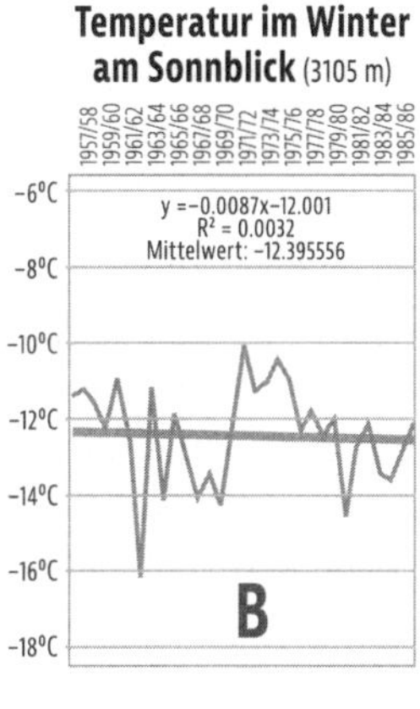

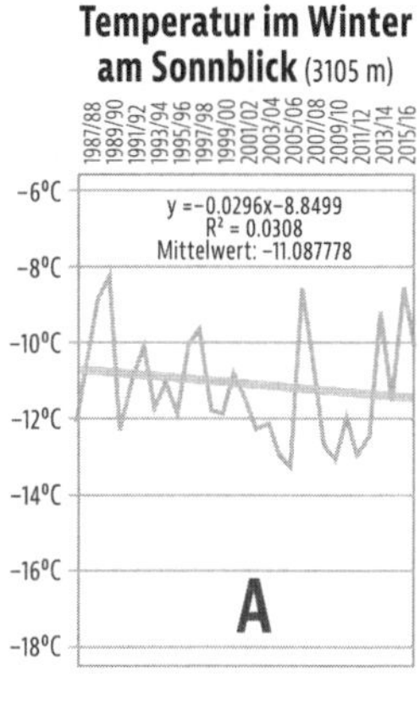

16 Wetter und Klima werden manipuliert

Ich kann Ihnen hier und jetzt den kleinen Ausflug in die tiefsten Abgründe der Verschwörungstheorien nicht ersparen. Während sich die Wissenschaft über die Ursachen der aktuellen globalen Erwärmung im Klaren ist und wir die physikalischen Prozesse verstanden haben, die dazu führen, dass es derzeit wärmer wird, werden andere nicht müde, darauf zu pochen, dass ganz andere Mächte und Gewalten hinter den Veränderungen stehen. Meist werden im Geheimen operierende bösartige Kräfte, elitäre Kreise oder ein paar Multimillionäre genannt, von denen diese Gefahren, die unsere Welt bedrohen, ausgehen sollen: Sie würden nicht nur unser Wetter beeinflussen, sondern auch das Klima ändern.

Die bekanntesten Schlagwörter in diesem Zusammenhang sind wohl Chemtrails und HAARP.

Der Begriff Chemtrails setzt sich aus den Worten „Chemicals“, also Chemikalien, und „Contrails“, das sind Kondensstreifen, zusammen. Es soll sich dabei um eine spezielle Art von Kondensstreifen handeln, die gemäß den zugehörigen Verschwörungstheorien der absichtlichen weltweiten Ausbringung von giftigen Chemikalien und Zusatzstoffen dienen.[48]

Tatsächlich glauben manche Menschen, dass die Streifen am Himmel, die manche Flugzeuge hinterlassen, ein Indiz für heimliche Klimamanipulationen seien.

Nach großen Unwettern, wie etwa nach der Flutkatastrophe im Ahrtal in Deutschland im Jahr 2021 oder auch 2023 in Dubai, als ganze Straßenzüge komplett unter Wasser standen, kann man beobachten, dass die Verbreitung des Chemtrails-Mythos in sozialen Netzwerken stark zunimmt.[49] 2024, als Hurrikan Milton über Florida zog und enorme Schäden hinterließ, musste sogar der Präsident der USA aufkommenden Verschwörungen über eine angebliche Wettermanipulation entschieden entgegentreten. Mit den Worten „It's so stupid, it's got to stop" versuchte er seine Landesleute zurück auf den Boden der Vernunft zu holen.[50]

Rufen wir uns zunächst noch einmal in Erinnerung, was Kondensstreifen sind. Kondensstreifen sind Eiskristalle, die in der Regel in der oberen Troposphäre entstehen, also in einer Höhe zwischen 8.000 und 12.000 Meter, wenn heiße, wasserdampfhaltige Abgase aus Flugzeugtriebwerken auf kalte Luft treffen.[51] Sie haben sicherlich schon bemerkt, dass diese Abgaswolken hinter Flugzeugen manchmal sehr lang sein können. Andere dagegen sind sehr kurz und verschwinden rasch wieder, und wieder andere Flugzeuge hinterlassen überhaupt keine Kondensstreifen. Länge und Dauer hängen stark von den meteorologischen Gegebenheiten in der Flughöhe ab. Kondensstreifen entstehen nur, wenn die Luft in dieser Höhe mit Wasserdampf gesättigt ist, das heißt, wenn sie kein gasförmiges und damit unsichtbares Wasser mehr aufnehmen kann. Dann reichen kleine „Störungen", beispielsweise winzige Abgaspartikel aus Flugzeugen, an denen der Wasserdampf kondensiert. Die weißen Streifen bestehen also wie Wolken hauptsächlich aus kleinen Wassertröpfchen beziehungsweise Eiskristallen.

Bezüglich Chemtrails gab es sogar im österreichischen Parlament schon mehrmals Anfragen an die jeweils zuständigen Minister. Besonders spannend wurde es 2018, als dem damaligen Verkehrsminister Norbert Hofer Fragen zu diesem Phänomen gestellt wurden, die er schon Jahre davor – damals noch in Opposition – der Regierung gestellt hatte. Die erste jener Fragen an die Regierung 2007 lautete: „Wissen Sie, ob [...] [die] angeführte[n] Chemikalien oder andere Chemikalien zur Beeinflussung des Klimas eingesetzt werden oder ob dazu Pläne bestehen und wie diese Pläne aussehen?"[52] Als eben diese Frage Hofer selbst dann Jahre später gestellt wurde, erklärte der nunmehrige Minister für Verkehr, Infrastruktur und Technologie zunächst, dass „etwaige Umweltbeeinträchtigungen durch so genannte Chemtrails" grundsätzlich nicht in seinen Wirkungsbereich fielen. Dann aber trifft er die Aussage: „Nach mir bekannten Informationen haben mittlerweile durchgeführte wissenschaftliche Überprüfungen keine Hinweise auf die Ausbringung von gefährdenden Chemikalien in die Atmosphäre ergeben."[53]

Abseits der Politik haben in den letzten Jahren bereits viele Wissenschaftler:innen, Forschungseinrichtungen und Behörden diese Verschwörungstheorie mit Messungen und Daten widerlegt, darunter das Umweltbundesamt, das Deutsche Zentrum für Luft- und Raumfahrt und sogar die Umweltorganisation Greenpeace. Doch für hartgesottene Chemtrail-Anhänger:innen sind sie damit nur Teil einer großen Verschwörung.[54]

Ganz ähnlich verhält es sich bei HAARP. Die Abkürzung steht für das High Frequency Active Auroral Research Program. Dabei handelt es sich um ein US-amerikanisches ziviles (ursprünglich auch militärisches) Forschungsprogramm, bei dem Radiowellen zur Untersuchung der oberen Atmosphäre (insbesondere der Ionosphäre) eingesetzt wurden.[55]

Da hört man es doch gleich richtig knistern: ein komplexes Projekt, früher auch militärisch, irgendwo in den USA, das schreit natürlich nach Verschwörung. Und die Theorien dazu gibt es auch. Bei HAARP wird seit vielen Jahren schlicht und einfach das Magnetfeld der Erde mittels spezieller Kurzwellensendeanlagen untersucht. Das wollen aber nicht alle glauben, denn immer wieder kursieren wilde Geschichten darüber, dass hinter Extremwetterereignissen nicht etwa der Klimawandel, sondern eben jene Forschungsanlage stecken würde. Und es wird noch wilder: Das Geheimprojekt soll auch weltweite Naturkatastrophen wie Erdbeben und Vulkanausbrüche auslösen.

Geheimprojekt? Es gehört ja wohl zum guten Ton von Verschwörungstheorien, dass alles ganz geheim und hinter verschlossenen Türen stattfinden würde. Das ist aber hierbei ganz und gar nicht der Fall. „Bei HAARP handelt es sich um ein Projekt, eine Institution, bei der man sogar beim Tag der offenen Tür vorbeischauen könnte. Oder bei dem es Webcams gibt, mit denen man die Anlage beobachten kann. Bei der man selbst auch ein Praktikum machen könnte."[56]

Zweifler:innen und Kritiker:innen könnten also einfach die gegebene Transparenz und die Möglichkeit nutzen und sich an Ort und Stelle ansehen, was dort passiert. Allerdings wäre dann natürlich die nächste Verschwörungstheorie den Fakten zum Opfer gefallen.

17 Die Überbevölkerung ist schuld

Auf unserer Erde leben aktuell rund acht Milliarden Menschen. Menschen, die Energie verbrauchen, mobil sein wollen und die sich ernähren. Da ist es naheliegend zu behaupten, dass wir zu viele Menschen sind und darin der Kern unseres Klimaproblems besteht. Die Lösung wäre demnach einfach: weniger Menschen, weniger Klimawandel.

Aber nicht immer sind die einfachsten Lösungen auch die besten? Auch die simple Erklärung, dass wir die Klimakrise ausbaden müssen, weil wir zu viele sind, kann sich schnell als Trugschluss entpuppen.

Aber gehen wir die Dinge der Reihe nach an. Fragen wir uns zunächst einmal, ob das Bevölkerungswachstum für immer anhalten wird? Die Antwort lautet: nein.

Die UNO schätzt, dass sich die Bevölkerung um das Jahr 2100 bei elf Milliarden Menschen einpendeln wird. Eine Studie der Universität von Seattle geht sogar davon aus, dass die Bevölkerung bereits ab dem Jahr 2064 schrumpfen und sich dann bei 8,8 Milliarden Menschen einpendeln wird.[57]

Aber egal, ob wir jetzt von knapp neun Milliarden Menschen oder von elf Milliarden ausgehen: Unsere Erde bietet reichlich Platz für alle. Es gibt genug Ressourcen, wenn wir Nahrung und Trinkwasser gerecht unter allen aufteilen.

Und hier sind wir an einem entscheidenden Punkt angelangt. Gerechtigkeit und Verteilung sind zwei Faktoren, die wir auch beim Verursachen der globalen Erwärmung unter die Lupe nehmen müssen. Es ist offensichtlich, dass nicht alle Menschen gleich viele Treibhausgase verursachen. Ganz im Gegenteil: Hier gibt es ein starkes Ungleichgewicht.

Laut einer Studie von Oxfam produziert das reichste Prozent der Menschen so viel CO_2 wie die fünf Milliarden Menschen, die die ärmeren zwei Drittel ausmachen.[58] Oxfam-Referent Manuel Schmitt sagte zu den Ergebnissen: „Durch ihren extremen Konsum befeuern die Reichen und Superreichen die Klimakrise, die mit Hitzewellen, Dürren oder Überschwemmungen die Lebensgrundlagen von Milliarden Menschen bedroht, insbesondere in den einkommensschwachen Ländern des Globalen Südens."[59] In der EU sind ein Prozent der Bevölkerung für 27 Prozent der Emissionen verantwortlich.[60] Dabei handelt es sich um wohlhabende Menschen, die oft zwischen Wohnung und Wochenendhaus pendeln, größere Autos besitzen, die mehr Schadstoffe ausstoßen, und ihre Business-Reisen im Privatjet absolvieren.

Wir sehen also sehr rasch und deutlich, dass es nicht die Anzahl der Menschen auf unserer Erde ist, die unser Klima erhitzt, sondern es wenige Reiche sind, die den Großteil der Treibhausgas-Emissionen verschulden.

Prozentsatz der CO_2-Emissionen der Weltbevölkerung

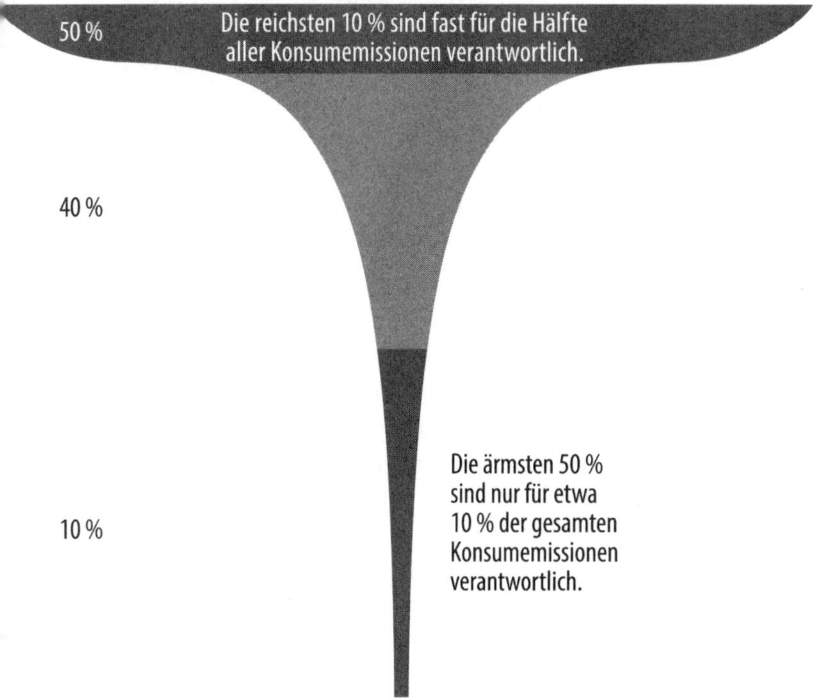

Es ist also nicht entscheidend, wie viele Menschen auf der Erde leben, sondern wie sie leben. Ein Großteil der Bevölkerung hat gar nicht die Möglichkeit, viele Emissionen zu verursachen. Denken wir nur ans Fliegen. Fliegen schadet unserem Klima, das ist unbestritten. Sind Sie schon einmal geflogen? Wenn ja, dann gehören Sie zu einer Minderheit. Denn 80 Prozent der Weltbevölkerung haben noch nie ein Flugzeug bestiegen.[61]

Dennoch hält sich hartnäckig die Meinung, dass die Überbevölkerung an so vielem schuld sei, auch am Klimawandel. Diese Behauptung hat eine lange Geschichte. Schon im 18. Jahrhundert warnte der britische Ökonom Thomas Malthus davor, dass die Nahrungsmittelproduktion nicht mit dem Bevölkerungswachstum mithalten könne – Hungersnöte seien die Folge. Seine Lösung: weniger Menschen. „Arme und Schwache" sollten – etwa durch die Abschaffung der Armenhilfe – geopfert" werden. Auch Kriege sah er als „Korrektur" dieses Problems.[62]

Dieses Konzept hat sich bis heute in den Köpfen einiger Menschen gehalten. Dabei wurde es schon durch die Geschichte widerlegt. Denn der Anteil der an Hunger leidenden Menschen ist immer weiter zurückgegangen. Und schon jetzt könnten wir eigentlich zehn Milliarden Menschen[63] mit den Lebensmitteln ernähren, die wir produzieren.

Der menschenverachtende Ansatz war schon damals keine Lösung und wird uns auch heute nicht helfen.

18 Die Rekord-Temperaturen werden auf Asphalt gemessen

Wenn Sie unterwegs sind, fallen Ihnen vielleicht immer wieder Temperaturanzeigen ins Auge, zum Beispiel bei Apotheken oder an Bahnhöfen. Sie finden fast in jedem Auto die aktuelle Außentemperatur im Display, und auch Ihr Handy zeigt Ihnen eine Temperatur an. Und vielleicht messen auch Sie zu Hause und haben dafür vor dem Fenster ein Thermometer oder gar eine ganze Wetterstation angebracht. Diese Messungen sind heute schon recht gut, allerdings können die Temperaturen je nach Art und Ort der Anbringung stark voneinander abweichen. Wenn Sie Ihr Thermometer auf einem Balkon an der Wand direkt in der Sonne hängen haben, kann das im Sommer zur Mittagszeit schon richtig absurde Werte liefern. 60 °C und mehr sind da keine Seltenheit.

Da es durch den Klimawandel fast wöchentlich Temperaturen gibt, die höher sind als alles, was wir je zuvor gemessen haben, höre ich gelegentlich den Vorwurf, dass auch offizielle Messungen falsch aufgestellt worden seien, etwa über Asphalt gemessen worden wären oder Ähnliches.

Es wird schlicht behauptet, die Messungen wären unfair, nicht ehrlich oder sogar bewusst gefälscht oder beeinflusst worden, um höhere Werte zu erhalten.

Um gar nicht erst in den Verdacht zu geraten, hier Fake-Temperaturen vorliegen zu haben, gibt es in der Meteorologie klare Richtlinien, wie eine Temperatur offiziell gemessen werden muss. Oben angeführte Varianten scheiden da sofort aus und fließen natürlich nicht in unsere Datenbanken ein.

Wie die Temperatur gemessen werden muss, erklärt der deutsche Wetterdienst so: „Offiziell bestätigte Temperaturwerte der weltweiten Wetterdienste müssen an Wetterstationen gemessen worden sein, die international festgelegten Standards entsprechen, um aktuell wie auch in der Vergangenheit global vergleichbar zu sein. Zunächst braucht man einen geeigneten Standort für die Messung. Dabei sollten die Wetterdaten repräsentativ für die Umgebung sein und die Station beispielsweise nicht in einem lokalen ‚Kälteloch' liegen. Am besten eignet sich hierfür ein relativ freier Platz mit genügend Abstand zu Gebäuden oder hohem Bewuchs auf einem für die Region natürlichen Untergrund (in der Regel eine kurz gehaltene Grasfläche)."[64]

Vielleicht haben Sie so eine offizielle Wetterstation schon einmal gesehen. Sie sieht auf der ganzen Welt gleich aus.

Gemessen wird die Lufttemperatur immer in zwei Meter Höhe über dem Boden. Die Messung erfolgt jedoch nicht in der prallen Sonne, sondern abgeschattet mit einem modernen, aus Kunststoff gefertigten und gut ventilierten Lamellen-Strahlungsschutz. Dabei wird sehr genau darauf geachtet, dass die Richtlinien für eine offizielle Messung an jedem Standort auch über lange Zeiträume von mehreren Jahrzehnten hinweg eingehalten bleiben. Neue Höchstwerte werden nur anerkannt, wenn vergleichbare Temperaturwerte an einem bestimmten Standort aus der Vergangenheit vorliegen.

Wird nun an einer Station ein neuer Temperaturrekordwert gemessen, so wird die Anlage vor der offiziellen Bestätigung des Temperaturrekordes noch einmal genau auf ihre korrekte Funktionsweise und die Wahrung der örtlichen Umgebungsbedingungen geprüft. Anschließend geht der Temperaturwert in die global vernetzten Datenbanken ein und kann, wie auch alle anderen Messdaten, von den Wetterdiensten weltweit abgerufen werden.

Auf Asphalt wurde mit Sicherheit keine dieser Temperaturen gemessen.

19 Wärmeinseln der Stadt verfälschen Klimatrend

„Die Hitze der Stadt ist im Sommer brutal. Da man fürchterlich matt ist, wird das Leben zur Qual“, das sang Rainhard Fendrich bereits 1982. Und tatsächlich messen wir im Sommer in Städten oft höhere Temperaturen als auf dem Land. Besonders in den Nächten bleibt die Wärme im Beton gespeichert und verhindert eine starke Abkühlung, was sehr oft zu den sogenannten Tropennächten führt. So bezeichnet man Nächte, in denen die Temperatur nicht unter 20 °C sinkt.

Das Phänomen sogenannter „Städtischer Wärmeinseln“ (englisch: „Urban Heat Islands“) ist schon sehr lange bekannt: Über eng bebauten und dicht besiedelten Flächen ist die Luft gewöhnlich wärmer als über dem Umland.

Der Effekt dieser Wärmeinseln verfälsche die Aussagen über die Entwicklung unseres Klimas und den Aufwärtstrend der Temperatur, wird gelegentlich behauptet. Dabei wird darauf verwiesen, dass ja urbane Regionen rund um den Erdball rasch gewachsen sind und viele meteorologische Messstationen in Städten stehen. Um zu beurteilen, ob es zu einer Verfälschung kommt, müssten wir daher nicht die absolute Temperatur in den Städten betrachten, sondern nach einem Unterschied zwischen der Temperaturveränderung in städtischen und ländlichen Gebieten suchen.[65]

Wenn wir Messdaten von abgelegenen Stationen, etwa an Orten, die nicht in der Nähe menschlicher Aktivitäten liegen, mit Daten aus Städten vergleichen, sind manchmal Unterschiede zu finden, doch auf großräumige oder gar globale Trends der Erderwärmung hat das praktisch keinen Einfluss: Es wird überall heißer.[66]

Man kann die Behauptung, dass der Stadteffekt die Klimatrends verfälsche, auch überprüfen, indem man sich die langfristige Erwärmung in verschiedenen Teilen der Erde anschaut: Hätte die Urbanisierung tatsächlich einen relevanten Effekt, dann müssten die Temperaturen dort am stärksten gestiegen sein, wo die meisten Menschen leben. Die Temperatur steigt allerdings rund um den Nordpol am stärksten, ebenso in Sibirien oder Zentralasien, allesamt sicherlich keine Regionen, in denen die Städte nur so aus dem Boden sprießen und sich massenhaft Menschen ansiedeln. Die Erwärmung in diesen recht unbewohnten Regionen ist höher als selbst in den Zentren der Verstädterung.

Auch nach Einschätzung des IPCC in seinem Sechsten Sachstandsbericht ist die Sache sehr klar: Der Effekt städtischer Wärmeinseln hat keinen nennenswerten Einfluss auf die Berechnung der globalen Temperaturtrends – er sei „vernachlässigbar".[67]

20 Die Antarktis wächst, am Südpol nimmt die Eismasse zu

Unsere heimischen Gletscher schmelzen dahin, und das immer schneller. Am Großglockner kann man sich davon ein gutes Bild machen, dort ist der Weg mit Schildern versehen, die Aufschluss darüber geben, bis wohin die Eismassen vor zehn, 20 und 50 Jahren noch gereicht haben. Dort oben wird geschwind klar, wie rasch der Rückzug der Eismassen vonstattengeht. Ebenso dünn ist das Eis am Nordpol geworden. In den Sommern der vergangenen Jahre wurden durch die Schmelze neue Schiffsrouten frei. Ein dänisches Containerschiff durchquerte bereits 2018 die Arktis. Das ist bemerkenswert. Denn noch nie zuvor hat ein so schwerer Frachter die Route passiert, und erst zum dritten Mal wagte sie ein Frachtschiff überhaupt.[68]

Am anderen Ende, also in der Antarktis, so liest man gelegentlich in sozialen Netzwerken, soll das allerdings anders sein. Die Eismassen dort würden anwachsen, was natürlich auch Zweifel an einer globalen Erwärmung entstehen lassen könnte.

Die Behauptung taucht immer dann auf, wenn wir Meldungen lesen, dass sich in manchen Jahren das Meereis rings um die Antarktis ausgedehnt hat. Das ist auch richtig. Allerdings müssen wir die Sache genauer betrachten, um ein Gesamtbild zu bekommen, was da am Südpol eigentlich los ist.

Hier muss man unterscheiden: Das Meereis hat sich tatsächlich zeitweise ausgedehnt, obwohl sich auch die Antarktis erwärmt. Und diese Erwärmung findet statt, die Westantarktis gehört sogar zu den Weltregionen, in denen die Temperatur am stärksten gestiegen ist.[69]

Wie kann dann aber das Eis anwachsen, obwohl es wärmer wird? Es mag paradox klingen, aber in vielen Teilen der Antarktis wächst das Eis, gerade weil es wärmer wird. Die Temperaturen waren bisher so niedrig, dass die Luft kaum Feuchtigkeit aufnehmen konnte. Es war schlicht zu kalt, um zu schneien. Mit einem Temperaturanstieg messen wir mehr Feuchte in der Luft, Wolken entstehen und es schneit.[70] Denn dafür bleibt es hier noch lange kalt genug. Und nun kann mehr Eis entstehen.

Als weitere Ursache für die Ausdehnung des antarktischen Meereises hat die Forschung Veränderungen bei Windmustern und Ozeanströmungen identifiziert,[71] die teilweise auf die Erderwärmung zurückgehen dürften.

Neben dem besprochenen Meereis haben wir in der Antarktis noch die gewaltigen Eismassen, die über Land liegen. Dieses Eis, das sogenannte Landeis, hat sich in der Antarktis über Jahrtausende gebildet, es liegt wie ein mächtiger Gletscher auf dem Kontinent. Etwa 60 Prozent des gesamten Süßwassers der Erde sind im antarktischen Eisschild gespeichert, und wenn er verschwände, würde das die Meeresspiegel um mehr als 50 Meter anschwellen lassen.[72]

Zwischen 1979 und 2014 wurde eine Eiszunahme beobachtet, die immer wieder als Beispiel genannt wird. Allerdings betrifft dieser Zuwachs nur das Meereis. Aus Satellitendaten sehen wir, dass sich das Eis ausgedehnt hat, allerdings können wir daraus nicht schließen, dass es auch tatsächlich an Masse zugelegt hat. Messungen zur Eisdicke wurden hier nämlich nicht durchgeführt. Und nach 2014 fand auch der Flächenzuwachs ein Ende; es folgten mehrere Jahre, in denen die Eisfläche deutlich unter dem langjährigen Durchschnitt lag.[73]

Was das antarktische Landeis angeht, sieht es ganz anders aus. Hier ist deutlich sichtbar, dass die Masse seit Jahren zurückgeht. Dieser Schwund hat sich in den vergangenen Jahren sogar beschleunigt[74] und wird sich – selbst wenn die Menschheit den Treibhausgasausstoß drastisch senkt – im gesamten 21. Jahrhundert fortsetzen.[75] Und noch einmal: Das ist das Eis, das – erst einmal geschmolzen – unseren Meeresspiegel ansteigen lässt.

21 Klimaschutz mit Hausverstand

In den Jahren 2023 und 2024 war aus politischen Kreisen sehr oft zu vernehmen, dass wir den Kampf gegen den Klimawandel mit Hausverstand lösen werden. „Wir setzen aber auf Klimaschutz mit Hausverstand“[76], hörten wir vom damaligen Bundeskanzler Karl Nehammer, „Klimaschutz mit Hausverstand – das ist die Handschrift der Volkspartei“[77], tönte es vom ÖVP-Umweltsprecher Johannes Schmuckenschlager, und auch im EU-Programm setzt die ÖVP auf „Klimaschutz mit Hausverstand“.[78] Auch die FPÖ hat den Hausverstand als Lösung gefunden: „Energie- und Umweltschutzpolitik mit Hausverstand“, so heißt es aus Oberösterreich.[79]

Googelt man den Begriff, so findet man: „Der Hausverstand ist der Verstand, den man ‚von Haus aus‘ besitzt, das heißt also, der Verstand, der jemandem angeboren ist.“[80] Man könnte es auch so auslegen, dass sich bei Dingen, die seit Generationen so gemacht werden, die wir schon hunderte Male erfolgreich wiederholt haben, ein Hausverstand einstellt, der uns sagt: Mach es beim nächsten Mal wieder so, die Art und Weise hat sich schon oftmals bewährt.

Nun stehen wir beim Klimawandel aber vor einem komplexen Problem, einer Erwärmung, die so rasch vor sich geht, wie es bisher noch niemand erlebt hat. Wir haben schlicht keine Erfahrung mit der globalen Erwärmung, die uns gerade zu schaffen macht. Woher soll da bitte schön ein Hausverstand kommen oder gar helfen?

Mit Hausverstand wären wir bis heute nicht zum Mond geflogen, ich würde diese Zeilen mit der Schreibmaschine und nicht mit dem Computer schreiben, und mit Hausverstand hätten wir auch das Internet nicht erfunden und ich könnte nicht nach „Hausverstand“ googeln. Auch bei der Klimakrise wird uns der Hausverstand im Stich lassen.

Der Hausverstand ist nicht die Lösung, sondern viel mehr das Problem. Weil wir unsere Gewohnheiten nicht ändern, gerade weil wir die Dinge weiter so machen, wie sie schon die Generationen vor uns gemacht haben, stoßen wir noch immer Treibhausgase aus, verstärken den Klimawandel und beschleunigen die globale Erwärmung.

Es sollte uns allen klar sein, dass wir bei großen und komplexen Dingen wie dem Klimawandel besser auf Expert:innen hören sollten als auf den Hausverstand. Was wir brauchen, ist Sachverstand, nicht Hausverstand.

22 Alles nur Panikmache

„Klimaschützer verbreiten nur Panik, die Medien übertreiben und selbst die Wissenschaft beteiligt sich an dieser Panikmache“, mit Vorwürfen wie diesen sollen die Folgen der Klimakrise kleingeredet werden. Klimaschutzmaßnahmen sollen ausgebremst werden.

Selbst der IPCC-Bericht des Weltklimarates übertreibe Ausmaß und Folgen der globalen Erwärmung, ist gelegentlich zu hören oder zu lesen. Wie so oft gehen aber auch diese Aussagen ins Leere.

Der IPCC-Bericht wird von Hunderten Expert:innen jeweils in ihren Fachgebieten erstellt. Die Schreib- und Redaktionsteams sind strikt angewiesen, einen absolut verlässlichen Überblick über neue Forschungsergebnisse und aktuelle Publikationen zu erstellen. Daher ist der Bericht samt seinen Schlussfolgerungen eher konservativ verfasst. Vergleichen wir frühere Prognosen des IPCC mit der eingetretenen Realität, sehen wir, dass viele Auswirkungen des Klimawandels stärker und schneller eintreten als vorhergesagt. Dazu gehören etwa die Erwärmung der Luft und der Meere, der Anstieg des Meeresspiegels oder das Abschmelzen der arktischen Eismassen. Die Szenarien und Vorhersagen im Klimabericht haben also eher untertrieben, als dass sie die Gefahren hochgespielt hätten. Von „Panikmache“ kann daher keine Rede sein.[81]

Der Klimawandel wird manchmal auch mit Krisen aus der Vergangenheit verglichen. Im Internet finden sich zum Beispiel Aussagen, wie etwa jene, dass es das Gleiche sei wie damals mit dem sauren Regen und dem Waldsterben oder mit dem Ozonloch. Auch damals wurde lautstark Alarm ausgerufen und passiert ist nichts. Aber stimmt das, dass nichts passiert ist?

Im Gegenteil. Sowohl anhand des sauren Regens als auch des Ozonloches lässt sich gut aufzeigen, wie wir Probleme lösen können und in der Vergangenheit gelöst haben. Der saure Regen machte uns in Mitteleuropa in den 1980er-Jahren schwer zu schaffen. Fotos von abgestorbenen Bäumen und Wäldern aus dem Grenzgebiet von Österreich zu Tschechien oder aus dem Erzgebirge in Deutschland fluteten die Medien. „Erst stirbt der Wald, dann stirbt der Mensch“, lautete damals ein Slogan von Umweltschutzbewegungen. Und heute, 40 Jahre später, spazieren wir immer noch durch grüne Wälder mit gesunden Bäumen. Das liegt aber nicht daran, dass der saure Regen kein Problem darstellte, sondern dass wir Maßnahmen gegen das Waldsterben ergriffen haben und durch Handeln unsere Wälder gerettet haben. Hauptursache des sauren Regens war die Luftverschmutzung, insbesondere durch säurebildende Abgase.[82] Und genau hier hat man angesetzt, und es ist viel passiert: Man erließ strenge Emissionsvorschriften, Heizöl und Dieseltreibstoff wurden entschwefelt. Man schrieb Filter für Verbrennungsanlagen vor und erließ ein

Luftreinhaltegesetz. Die Maßnahmen brachten weitreichende Erfolge: Der Ausstoß von Schwefeldioxid, das man maßgeblich für die Waldschäden verantwortlich machte, ging von etwa 350.000 Tonnen im Jahr 1980 auf 25.600 Tonnen im Jahr 2007 zurück. Maß man 1985 noch bei mehr als 25 Prozent der Bäume überschrittene Schwefelgrenzwerte, war dies 2008 bei weniger als zehn Prozent der Fall.[83]

Sehr ähnlich verhält es sich mit dem Ozonloch. Beim Ozonloch handelt es sich nicht wirklich um ein Loch in der schützenden Ozonschicht, sondern um eine saisonale, starke Ausdünnung dieser Ozonschicht, wie sie 1985 erstmals am Südpol über der Antarktis festgestellt wurde. Auch hier wurde die Ursache rasch erkannt: Es waren hauptsächlich von uns erzeugte Fluorchlorkohlenwasserstoffe, kurz FCKWs. Es folgte, was folgen muss. Entscheidungsträger:innen erkannten die Gefahr, folgten der Wissenschaft und am 2. März 1989 wurde beschlossen, diese Stoffe zu verbieten. Seit 1995 dürfen sie in den Industrienationen nicht mehr verwendet werden. Die Entwicklungsländer mussten die Neuproduktion von FCKW im Jahr 2010 beenden. Die Ozonschicht ist mittlerweile auf dem Weg der Besserung.

Beide Fälle sind gute Beispiele dafür, dass wir uns globalen Herausforderungen durchaus stellen und sie gemeinsam lösen können. Es zeigt aber auch ein Problem, und zwar den „After-the-Fact-Fehlschluss“. Es beschreibt, dass Menschen dazu neigen, die Existenz eines Problems zu leugnen oder seine Schwere zu minimieren, wenn die ergriffenen Maßnahmen erfolgreich waren. Ein weiterer Begriff, der in diesem Zusammenhang verwendet wird, ist „Post-hoc-Fehlschluss“, bei dem fälschlicherweise angenommen wird, dass der Erfolg einer Maßnahme bedeutet, dass das Problem nie real war.

23 Ich allein kann doch nichts ändern

Der Klimawandel ist eine globale Herausforderung. Wir alle tragen Verantwortung für das, was gerade auf unserem Planeten passiert. Nur miteinander können wir uns dieser Herausforderung stellen, nur gemeinsam können wir die großen Probleme lösen.

Gerade bei großen Herausforderungen fühlen wir uns oft hilflos und verharren in Schockstarre. Sehr rasch finden sich Ausreden. Sehr häufig fällt das Argument, dass Österreich ja nur für 0,2 Prozent der weltweiten CO_2-Emissionen verantwortlich ist, es heißt: „Das ist doch so wenig, das macht nichts aus. Sollen doch die anderen erst einmal etwas tun." Wenn wir uns aber bewusst machen, dass Österreichs Anteil an der Weltbevölkerung nur 0,1 Prozent beträgt, sehen wir, dass jede Österreicherin und jeder Österreicher hochgerechnet für doppelt so viel CO_2 verantwortlich ist wie der Durchschnitt aller auf der Erde Lebenden. Mehr als 180 Länder sind jeweils für weniger als ein Prozent der weltweiten Emissionen verantwortlich, 100 davon für weniger als Österreich.[84] Die Rechnung können wir weiterführen, denn Ähnliches gilt auch für Deutschland, das mit zwei Prozent aller Emissionen bei einem Bevölkerungsanteil von nur einem Prozent einen ebenso überdurchschnittlichen Beitrag liefert. Selbst China, wahrlich einer der drei größten CO_2-Verursacher, könnte eine gute Ausrede finden. Denn zum einen verlagern wir viele Emissionen dorthin, weil wir unsere Güter dort produzieren lassen. Zum anderen könnte China argumentieren, dass auf die einzelne Person umgerechnet weniger CO_2 ausgestoßen wird als bei uns in Österreich. Ein Mensch in China erzeugt im Schnitt sieben Tonnen Treibhausgase, gegenüber neun Tonnen, die auf jeden Menschen in Österreich entfallen. Beides ist übrigens zu viel, als nachhaltig gelten Werte unter zwei Tonnen pro Person.

Die Verantwortung abgeben und auf andere schieben, das könnten viele in ähnlicher Weise weiterspielen und dann würde genau nichts passieren. Die Tatsache, dass andere sich noch klimaschädlicher verhalten, macht die Gesamtsituation leider nicht besser, sondern schlechter. So kommen wir nicht weiter. Der individuelle Vorteil einer bzw. eines jeden Einzelnen schadet langfristig allen. Wenn sämtliche Menschen genauso viele Ressourcen verbrauchen würden wie jeder Mensch in Österreich, bräuchten wir beinahe drei Erden. Das geht sich auf Dauer nicht aus.

Ich denke, wir sollten unseren Blick auf jene richten, die schon weiter sind, und funktionierende Beispiele suchen, die uns ein Vorbild sein können. Länder, die bereits ihre Emissionen signifikant senken oder bereits bei „Netto-Null" angekommen sind wie etwa Bhutan (Suriname und Panama haben sich bereits angeschlossen).

„Netto-Null-Emissionen" bedeutet, dass wir die Menge der von uns ausgestoßenen Treibhausgase, wie

CO_2, auf anderen Wegen auch wieder aus der Atmosphäre entfernen, etwa durch Aufforstung. Es gibt inzwischen auch industrielle Anlagen, die CO_2 aus der Luft auffangen können. Anschließend kann das CO_2 dauerhaft gespeichert werden. Allerdings funktioniert das nur in einem vergleichsweise geringen Ausmaß. Wenn wir unsere Netto-Emissionen auf null reduzieren, leben wir klimaneutral und die globale Temperatur wird sich stabilisieren.[85]

Lernen wir von Staaten, die in der Mobilitäts- oder in der Energiewende schon weiter sind, Nationen, die ihre Emissionen bereits effektiver senken.

Viele gute Beispiele finden wir auch bei uns in Österreich. Es gibt viele Gemeinden und auch neun Städte mit konkreten Zielen, klimaneutral zu werden, einige davon wollen dies bereits 2030 geschafft haben.[86] Dazu zählen St. Pölten, Klagenfurt, Linz, Innsbruck und Dornbirn.

Lassen wir uns von Klimawandel-Leugner:innen und Bremser:innen nicht davon abhalten, die ersten Schritte in eine saubere, gesündere und sozial gerechtere Zukunft zu machen. Und lassen Sie sich nicht einreden, dass es nichts bringen würde.

Wenn Sie Ihr Auto mit Verbrennungsmotor stehen lassen und von Wien nach Bregenz die Bahn nehmen, sparen Sie bereits 148,6 Kilogramm CO_2 ein.[87] Und Sie sind dabei ja nicht allein, viele andere sitzen im selben Zug. Selbst wenn Sie im Auto sitzen, ist es einfach, weniger klimaschädlich zu fahren. Fahren Sie auf der Autobahn statt 130 km/h nur 100. So verringern Sie Ihre CO_2-Emissionen um 23 Prozent[88] und sparen dazu noch eine Menge Geld.

Auch bei der Ernährung können wir einfach Emissionen reduzieren. Setzen wir auf regionale, saisonale Erzeugnisse und kaufen Bio-Produkte, so können wir die damit verbundenen Emissionen bereits um 15 Prozent reduzieren. Essen wir weniger Fleisch oder gar keines, so verdoppelt sich die Einsparung. Dabei tun Sie nicht nur dem Klima etwas Gutes, sondern auch sich selbst und Ihrer Gesundheit. Wir essen in Österreich doppelt so viel Fleisch wie im globalen Durchschnitt.[89] Im Jahr 2024 haben wir bereits am 7. April die empfohlene Menge an Fleisch verzehrt, alles danach war zu viel.

Wir sehen, dass Klimaschutz kein Verzicht ist, sondern ein Gewinn. Weder bei Lebensmitteln noch beim Fleisch ist es nötig, gleich auf Dinge, die Sie mögen, zu verzichten. Hier können wir an einer anderen Stelle ansetzen, etwa bei Lebensmitteln, die wir wegwerfen. In den österreichischen Haushalten, also bei Ihnen und bei mir zu Hause, werden in nur einem Jahr mehr als 500.000 Tonnen Lebensmittel weggeworfen. Lebensmittel, die produziert und transportiert worden sind, die ihre Emissionen erzeugt haben. Wir werfen sie einfach weg. Wenn wir hier ansetzen würden, könnten wir Treibhausgas-Emissionen reduzieren – und noch niemand hat auf irgendetwas verzichtet. Wir haben einzig nur noch das eingekauft, was wir auch konsumieren und genießen. Sie können Ihren Stromanbieter wechseln und auf nachhaltig erzeugte Energie setzen. Das mag vielleicht nach kleinen Schritten klingen, aber bedenken Sie stets, dass das viele andere auch tun. Und viele kleine Schritte ergeben zusammen einen sehr großen.

Klimaschutz ist keine Hürde und bedeutet auch nicht Verzicht. Klimaschutz führt uns in eine bessere Zukunft, besser für alle. Auf diesem Weg sind wir nicht allein und zusammen können wir es schaffen. Denn noch haben wir die Chance, mit vorhandenem Wissen und den Möglichkeiten, die es bereits gibt, unser Klima noch einmal zu stabileren und in ein für uns gutes Gleichgewicht zu bringen. Dazu braucht es aber rasches und energisches Handeln, auch von Entscheidungsträger:innen an großen Hebeln, etwa in der Politik, Industrie und Wirtschaft.

Die Zeit zum Handeln ist jetzt. Wir haben die Möglichkeit, unser Verhalten zu ändern, zum Wohle aller und um die Lebensgrundlagen zukünftiger Generationen zu erhalten.

Und der große Vorteil, wenn es nur um mich selbst geht: Ich kann sofort anfangen – auch allein.

BONUS-Seiten

23 Mythen und Klimalügen haben sich in Luft aufgelöst, aber das Buch ist noch nicht zu Ende. Zwei Dinge waren mir noch wichtig. Die erste Frage ist Ihnen vielleicht beim Lesen des Buches auch in den Sinn gekommen: Warum gibt es überhaupt so viele Fake News, Unwahrheiten, Mythen, die sich hartnäckig halten, und Lügen, die absichtlich gestreut werden? Wer erfindet sie, wer verbreitet sie und warum überhaupt? Am Ende steht für mich auch die Frage, warum so viele Menschen gerne an die falschen Behauptungen glauben und daran festhalten wollen. Für einen kleinen Blick in die Psychologie der Klimakrise, der Antworten auf diese Fragen geben kann, konnte ich eine der führenden Umwelt-Psychologinnen Österreichs gewinnen. Dr. Isabella Uhl-Hädicke versucht hier, Licht ins Dunkel zu bringen.

Darüber hinaus ist mir noch ein zweites Thema sehr wichtig. In den letzten Jahren ist es in sozialen Netzwerken zunehmend schwerer geworden, vernünftige Debatten zu führen. Gerade, wenn es um so ein wichtiges Thema wie den Klimawandel geht, scheinen die Fronten verhärtet, einander zuzuhören scheint fast unmöglich, die Argumente des Gegenübers mit Interesse zu verfolgen schier unmöglich zu sein. Dabei vergreifen sich manche im Ton, werden beleidigend und verwenden wüste Beschimpfungen. Immer wieder werden dabei Grenzen überschritten, und es wird zu weit gegangen. Das kann Folgen haben und am Ende auch teuer kommen. Damit das nicht passiert, habe ich die renommierte Rechtsanwältin Mag. Therese Frank gebeten, einen Leitfaden für den richtigen Umgang im Internet zu verfassen, den Sie hier nun auch finden können.

Dr. Isabella Uhl-Hädicke

Die Psychologie der Klimakrise

Warum wir es nicht einfach machen ... und stattdessen lieber Ausreden finden ...

„Es könnte auch die Sonne sein", „Die einen sagen so, die anderen so", „Alles nur Panikmache" oder „Ich allein kann doch nichts ändern", dieses Buch zeigt auf, dass die Bandbreite an Ausreden (oder besser gesagt Klimalügen) rund um den menschengemachten Klimawandel groß ist. Das liegt unter anderem auch daran, dass sich Falschnachrichten, sogenannte Fake News, sechsmal schneller verbreiten als die Wahrheit.[1] Wir Menschen sind äußerst kreativ darin, wenn es darum geht, unsere fehlenden Handlungen für eine zukunftsfreundliche Art zu leben, zu wirtschaften und Politik zu machen zu rechtfertigen. Doch warum ist das so?

1 Vosoughi, S., Roy, D. & Aral, S. (2018). The spread of true and false news online. Science, Vol. 359, Issue 6380, pp. 1146–1151.

Die Fakten liegen seit Jahrzehnten auf dem Tisch und zeigen klar auf: Wir Menschen sind die Ursache. Mittlerweile spüren wir die Konsequenzen des Klimawandels nicht nur in der räumlich weit entfernten Arktis oder Inselstaaten des Pazifiks. Die Meldungen über neue Hitzerekorde (ich sage nur 30 °C im Jänner 2024 in Katalonien und „Normaltemperaturen" von 45 °C in Griechenland im Sommer 2024) oder verheerende Naturkatastrophen wie Überschwemmungen in Österreich oder Europa überschlagen sich gefühlt wöchentlich. Die Mehrheit erkennt die Faktenlage zum menschengemachten Klimawandel an und weiß, dass dringend etwas zur Eindämmung gemacht werden muss.[II] Trotzdem fällt es uns so schwer, dieses Wissen auch tatsächlich in entsprechende Handlungen zu übersetzen. Warum machen wir es nicht einfach?

Mit genau dieser Frage beschäftigt sich die Umweltpsychologie. Darunter versteht man die Wissenschaftsdisziplin, die sich mit der Wechselwirkung zwischen dem Menschen und der (bebauten) Umwelt beschäftigt. Sie versucht zu erkennen, wann und weshalb Menschen umwelt- bzw. klimafreundlich handeln – oder eben nicht. Eine mögliche Erklärung auf die Frage „Warum ist es für Personen scheinbar oft leichter, Ausreden bzw. Klimalügen Glauben zu schenken und diese lauthals zu vertreten, anstatt notwendige Veränderungen zu ergreifen?" bietet die sogenannte kognitive Dissonanz.[III] Unter kognitiver Dissonanz versteht

---

II https://klar-anpassungsregionen.at/klar-regionen-1/klar-befragung-2023 [Stand: 15.1.2015]

III Festinger, L. (1957). *A theory of cognitive dissonance (Vol. 2).* Stanford University Press.

man einen Gefühlszustand, der durch eine Wahrnehmung, Information oder auch das Verhalten einer anderen Person ausgelöst wird, die nicht mit den bisherigen Ansichten oder Einstellungen zusammenpassen. Vereinfacht gesagt: Eine Person sieht sich im Großen und Ganzen als gute Person, die nur das Beste für ihre Kinder, Kindeskinder bzw. zukünftige Generationen möchte. Liest diese Person nun über die Konsequenzen des Klimawandels, insbesondere für die Zukunft, ist das nicht angenehm. Vor allem nicht, wenn daraus klar hervorgeht, dass sie mit ihrer in unserer Gesellschaft als „normal" geltenden Art zu leben ein Teil des Problems ist (mehrmals wöchentlich Fleischgerichte; alle Strecken werden mit dem Auto zurückgelegt; Lebensmittel landen im Müll, weil die Augen beim Einkaufen wieder größer waren). Auch wenn einem das Thema Klima- bzw. Umweltschutz am Herzen liegt, hat man schon länger nicht mehr aktiv von der Politik gefordert, die dafür geeigneten Rahmenbedingungen zu schaffen. Doch das negative Gefühl, besser bekannt als schlechtes Gewissen, das aus dieser Diskrepanz entspringt, muss irgendwie gelöst werden. Dies kann laut der Theorie der kognitiven Dissonanz auf unterschiedliche Arten geschehen. Die Person könnte die unangenehmen Informationen akzeptieren. Etwa im Sinne von: „Stimmt eigentlich – mir ist die Zukunft meiner Kinder wichtig, da passt es wirklich nicht zusammen, dass ich mit meinen tagtäglichen Entscheidungen den Klimawandel befeuere. Ich werde mein Leben in mehreren Bereichen zukunftsfreundlicher ausrichten."

Ein Blick in die oft hitzige öffentliche Debatte zeigt aber, dass Personen auch noch andere Strategien haben, um mit diesem Zwiespalt umzugehen. Sie werden es vielleicht schon vermuten, genau: Ausreden! So wird nach Gründen gesucht, warum das schlechte Gewissen unbegründet ist. Glücklicherweise sind diese oft nur eine schnelle Internetsuche entfernt. Insgeheim erleichtert es, wenn man dann die große Auswahl an potenziellen „Freisprüchen“ sieht. Sie helfen Personen dabei, das ungute Gefühl abzuschütteln, und geben scheinbar berechtigte Gründe dafür: „Ist doch alles nicht so schlimm!“, „Der Klimawandel ist konstruiert, um unserer Wirtschaft zu schaden!“ oder „Klimahysterie!“.

Nun steht oft die Annahme im Raum, dass die Bevölkerung einfach zu wenig Fakten hat, um nicht auf solche Klimalügen reinzufallen. Außerdem seien die Konsequenzen noch zu wenig im Alltag spürbar. Wenn Personen das entsprechende, wissenschaftlich korrekte Wissen hätten, könnten sie ja gar nicht anders als zu handeln. Das muss ich mit einem NEIN beantworten. Die Forschung zeigt klar auf, dass mehr Wissen nicht automatisch zu mehr klimafreundlicher Handlung führt.[IV] Je stärker die Konsequenzen des menschengemachten Klimawandels bereits spürbar sind, desto ausgefeilter werden oft auch die Klimalügen, die uns versichern, dass wir absolut keine Schuld tragen und auch keinen Grund zur Sorge zu haben brauchen. Und sind wir mal ehrlich: Es ist natürlich viel angenehmer, wenn wir ohne schlechtes Gewissen weitermachen können wie bisher.

IV Colombo, S. L., Chiarella, S. G., Lefrançois, C., Fradin, J., Raffone, A., & Simione, L. (2023). Why Knowing about Climate Change Is Not Enough to Change: A Perspective Paper on the Factors Explaining the Environmental Knowledge-Action Gap. Sustainability, 15(20), 14859; https://doi.org/10.3390/su152014859 [Stand: 15.1.2025]

Was heißt das für uns? Menschen sind irrational, und oft ist es einfacher, Ausreden für das fehlende Handeln zu finden. Diese Ausreden sind wie ein Umweltschweinehund und schleichen sich oft unbemerkt in unseren Alltag. Das Bewusstsein darüber ist der erste Schritt, ihnen auf die Schliche zu kommen. Und ich würde sagen, eine positive Zukunft in einem intakten Lebensraum ist das definitiv wert. In diesem Sinne: Machen wir es doch einfach!

Mag. Therese Frank

Und was ist mit dem Recht auf freie Meinungsäußerung?

Einfach mal tief durchatmen.

Bevor ich Marcus Wadsak kennenlernte, lebte ich in einer anderen Welt. Inwiefern? Ich ging doch tatsächlich davon aus, dass der menschengemachte Klimawandel eine Tatsache für alle Personen ist. Ich sollte eines Besseren belehrt werden. Und lernte die Bubble der Personen auf sozialen Medien kennen, die nicht an den Klimawandel glauben. Beziehungsweise nicht glauben, dass er von den Menschen verursacht wurde. Dass es den menschengemachten Klimawandel gibt, wird in gewissen (Verschwörungs-)Kreisen in Abrede gestellt und von rechten Parteien zu einem Politikum gemacht. Der Hass, der Personen in sozialen Medien entgegenschlägt, die sich für Aufklärung zum Klimawandel einsetzen, ist erschreckend. (Gleiches gilt für Personen, die für Feminismus stehen, wovon ich aus eigener Erfahrung einiges berichten kann. Aber das ist eine andere Geschichte.)

Ich beobachte in meiner Tätigkeit als Rechtsanwältin vermehrt, wie Personen komplett ausblenden, dass am anderen Ende ihres in die Tasten geworfenen Hasses und Hohns ein Mensch ist. Dieser Effekt wird verstärkt, wenn der Hass sich gegen Personen richtet, die in der Öffentlichkeit stehen.

Was ist mit der Freiheit der Meinungsäußerung?

Wir leben in einer Demokratie, in der die in Artikel 10 der Europäischen Menschenrechtskonvention verankerte Freiheit der Meinungsäußerung ein Grundprinzip ist. Diese besagt, dass alle Menschen Anspruch auf freie Meinungsäußerung haben.

Es steht daher Personen frei, nicht an wissenschaftliche Fakten zu „glauben". Es steht ihnen ebenso frei, dies öffentlich zu äußern und Kritik an denen zu üben, die dem wissenschaftlichen Konsens mehr Bedeutung beimessen als einem Youtube-Video oder Informationen aus Telegram-Kanälen. Allerdings hört die Freiheit der Meinungsäußerung dort auf, wo sie die Rechte anderer unverhältnismäßig einschränkt. Verwandelt sich „Kritik" in Hass, Spott, Beleidigungen und Lügen, hat dies nichts mehr mit dem Recht auf freie Meinungsäußerung zu tun.

Die Seifenblase

Stellen Sie sich vor, Sie sind umgeben von einer Seifenblase. Sie können sich in Ihrer Seifenblase gut bewegen. Innerhalb der Seifenblase sind Ihre Ehre, Ihr berufliches Fortkommen und Ihre Persönlichkeitsrechte gut geschützt. Sie können auch mit Kritik gut leben, denn diese dringt nicht durch Ihre Seifenblase. Und jetzt kommt jemand und sticht mit einer Nadel die Seifenblase auf. Auf einmal stehen Sie ohne Ihre Schutzschicht da, und das ist überhaupt kein gutes Gefühl. Wie ist diese Seifenblase aufgestochen worden? Durch Beleidigungen, Spott, üble Nachreden und unwahre Tatsachenbehauptungen über Sie. Sie wollen sich dagegen wehren, um Ihre Seifenblase wiederherzustellen. Eine finanzielle Entschädigung für die mit dem Wiederaufbau verbundenen Mühen wäre außerdem auch nett.

Rechtliche Bestimmungen zum Schutz der Persönlichkeitsrechte

Die österreichische Rechtsordnung kennt einige Bestimmungen, die dem Schutz der Persönlichkeitsrechte dienen und Ihnen helfen, Ihre Seifenblase wiederherzustellen. Das Strafgesetzbuch regelt zum Beispiel die Beleidigung, die üble Nachrede, die Verleumdung oder die Kreditschädigung. Und auch im Zivilrecht finden sich entsprechende Bestimmungen, wonach Ehrenbeleidigungen und kreditschädigende Aussagen unzulässig sind. Es ist möglich, diese Ansprüche parallel geltend zu machen. Was bedeutet das? Wegen ein und desselben Postings auf einem sozialen Netzwerk können zwei Gerichtsverfahren folgen: eines vor einem Strafgericht und eines vor einem Zivilgericht.

Gemäß Mediengesetz steht außerdem ein Entschädigungsanspruch zu, wenn diese Delikte in einem „Medium" begangen werden. Und jedes soziale Netzwerk ist ein solches Medium im Sinne des Mediengesetzes. Der Entschädigungsbetrag kann zwischen EUR 100 und EUR 40.000 beziehungsweise in besonders krassen Fällen bis zu EUR 100.000 betragen.

Was ist der Unterschied zwischen diesen ganzen Bestimmungen?

Ich werde Ihnen jetzt detaillierte Abhandlungen und juristische Spitzfindigkeiten ersparen. Stark vereinfacht können die Bestimmungen in zwei Bereiche geteilt werden: Beleidigungen und unwahre Behauptungen zu einer Person.

Beleidigungen und Verspottungen haben kein Tatsachensubstrat – das heißt, man kann sie nicht auf ihren Wahrheitsgehalt überprüfen. Vielmehr dienen sie ausschließlich dazu, das Gegenüber herabzuwürdigen. Beispiele aus der Judikatur sind unter anderem die Ausdrücke „Sau", jemand mache „Meinungsterror", betreibe „Gehirnwäsche", habe „geistig abgebaut" oder sei „ein Fall für den Psychiater".

In der Kategorie „unwahre Behauptungen zu einer Person", ist der Wahrheitsbeweis zulässig. Behaupte ich auf meinem Facebook-Account, dass jemand eine Diebin, ein Faschist oder ein Verbrecher ist oder in einem Unternehmen Schwarzarbeit betrieben wird, und kann ich dies beweisen, dann droht mir keine Strafe. In der Praxis ein eher schwieriges Unterfangen.

Wenn Sie jetzt denken, dass diese Ausdrücke auch ganz allgemein Beleidigungen sein können, dann haben Sie recht. Es ist durchaus möglich, dass etwas gleichzeitig Beleidigung und unwahre Tatsachenbehauptung ist. Wir werden uns hier daher – wie versprochen – nicht an Details aufhängen.

Klimasekte, Klimahysterie und die bezahlte Lüge

Es gibt speziell in Zusammenhang mit dem Thema Klimawandel ein eigenes beleidigendes, verspottendes und herabwürdigendes Vokabular. Mit Verwendung dieser Ausdrücke wird die Seifenblase des Gegenübers aufgestochen.

An vorderster Stelle befinden sich alle Ausdrücke, die sich um den Begriff „Klimasekte" drehen. Der Begriff

„Sekte" ist im deutschen Sprachgebrauch negativ konnotiert und wird für religiöse Gruppierungen verwendet, die als gefährlich, problematisch und irrend angesehen werden. Angehörige einer Sekte werden als bemitleidenswerte Menschen angesehen, die keine Kontrolle über ihr Leben haben. Der Begriff „Klimasekte" entspringt einer eigenen Sprache von rechtspopulistischen Netzwerken über den Klimawandel. Den religiösen Glauben kann sich jeder Mensch selbst aussuchen. Mit dem Ausdruck „Klimasekte" wird daher vermittelt, dass es eine persönliche Glaubensfrage ist, ob es den menschengemachten Klimawandel gibt oder nicht. Wissenschaftliche Fakten werden als politische und/oder religiöse „Meinung" abgetan und Personen, die daran „glauben", als irrgeleitet abgestempelt.

Weitere Klassiker sind sämtliche Bezeichnungen im Kontext von „Hysterie", wie z. B. Klimahysteriker (was angesichts der Naturkatastrophen allein im Jahr 2024 an Zynismus fast nicht mehr zu überbieten ist). Hier wird die Weitergabe des wissenschaftlichen Konsenses als „Hysterie" abgetan. „Hysterie" ist die historische, veraltete (und misogyne) Bezeichnung für diffuse (psychische) Störungen, die z. B. Realitätsverlust und ein verändertes Ich-Bewusstsein oder neurologische Symptome hervorrufen.[V] Wer an „Klimahysterie" leidet, ist nach dieser Logik krank und gehört (psychiatrisch) behandelt.

Auch den Vorwurf, von „denen da oben" und/oder „dem System" (wer oder was das auch immer sein mag) dafür bezahlt zu werden, zum Thema Klimawandel zu lügen, trifft man permanent auf Social Media an. Ebenso

---

V Vgl. Definition von „Hysterie" in Wikipedia: https://de.wikipedia.org/wiki/Hysterie [Stand: 13.10.2024]

sind Beleidigungen mit „Klimatwist" allgegenwärtig, wie z. B. Klimaclown, Klimadepp, linksversiffter Klimahysteriker, Klimafaschist usw.

Was sind die Folgen?

Was kann alles passieren, wenn man das Recht auf freie Meinungsäußerung mit ungefilterten Beleidigungen und kreditschädigenden üblen Nachreden verwechselt?

Es kann sofort ein strafgerichtliches Verfahren durch die beleidigte Person als sogenannte „Privatanklägerin" begonnen werden. Ebenso wie ein zivilgerichtliches Verfahren. Im Strafverfahren droht eine Geld- oder Freiheitsstrafe zuzüglich der Prozesskosten. Im Zivilverfahren werden eine Unterlassung und eine öffentliche Richtigstellung bzw. Entschuldigung aufgetragen. Auch hier sind die Prozesskosten zu bezahlen. Daneben kann im jeweiligen Verfahren der medienrechtliche Ersatzanspruch zwischen EUR 100 bis EUR 100.000 geltend gemacht werden. Und gemäß Mediengesetz bei Verfahrensbeginn die Veröffentlichung, dass ein Verfahren begonnen wurde. Kurz gesagt: Ein in ein paar Sekunden getippter und geposteter Kommentar auf Social Media wird jedenfalls teuer. Und kann sogar eine Vorstrafe nach sich ziehen.

Es ist übrigens nicht notwendig, dass ein beleidigendes Posting selbst verfasst wurde, um diese Folgen nach sich zu ziehen. Rechtswidrige Kommentare unter Beiträgen

Dritter können ebenso Folgen haben, wie einen rechtswidrigen Beitrag einfach zu teilen, ohne sich selbst literarisch zu verwirklichen.

Was bedeutet das jetzt alles?

Auch wenn das alles ein bisschen kompliziert klingt, ist es eigentlich ganz einfach. Bevor ich wütend irgendetwas in die Tasten haue, was andere Personen beleidigt und/oder ich Tatsachenbehauptungen über eine Person ins Netz stelle, deren Wahrheit ich persönlich nicht beweisen kann, mache ich Folgendes: Ich atme einmal tief durch. Ich entferne mich für fünf Minuten von meinem Handy, Tablet, Computer etc. Und entscheide nach der Cooling-off-Phase, ob ich es vielleicht nicht lieber doch lasse. Für mein Karma. Und meine Geldbörse.

Endnoten

1 Siehe auch: Christian Stöcker: Männer, die die Welt verbrennen. Der entscheidende Kampf um die Zukunft der Menschheit. Berlin: Ullstein 2024; https://www.ullstein.de/werke/maenner-die-die-welt-verbrennen/hardcover/9783550202827 [Stand: 15.1.2025]

2 Siehe auch: https://www.swr.de/swrkultur/wissen/wetter-und-klimamodelle-wie-zuverlaessig-sind-ihre-vorhersagen-104.html [Stand: 15.1.2025]

3 https://www.spiegel.de/panorama/wetterprognosen-a-39e019ce-0002-0001-0000-000146869850?context=issue [Stand: 15.1.2025]

4 Zitiert nach: https://kurier.at/politik/inland/strache-und-der-klimawandel-alles-verhandelbar/284.924.906 [Stand: 15.1.2025]

5 https://www.lernhelfer.de/schuelerlexikon/physik-abitur/artikel/aktivitaetserscheinungen-auf-der-sonne [Stand: 15.1.2025]

6 https://scholar.google.fi/citations?view_op=view_citation&hl=en&user=pna6pToAAAAJ&citation_for_view=pna6pToAAAAJ:u5HHmVD_uO8C [Stand: 15.1.2025]

7 https://www.swr.de/wissen/1000-antworten/wie-wirkt-sich-die-sonnenaktivitaet-aufs-klima-aus-106.html [Stand: 15.1.2025]

8 Vgl.: https://www.helmholtz-klima.de/klimafakten/behauptung-die-sonne-verursacht-den-klimawandel [Stand: 15.1.2025]

9 Siehe auch: https://www.boulder.swri.edu/%7Elayoung/eprint/ur149/Young2001Uranus.pdf [Stand: 15.1.2025]

10 https://ui.adsabs.harvard.edu/abs/2007AGUFM.P31D..05R/abstract [Stand: 15.1.2025]

11 https://ui.adsabs.harvard.edu/abs/2006DPS....38.3903M/abstract [Stand: 15.1.2025]

12 Siehe auch: Marcus Wadsak: Klimawandel. Fakten gegen Fake & Fiction. Wien: Braumüller 2020; https://www.braumueller.at/t?isbn=9783991003038 [Stand: 15.1.2025]

13 https://www.sciencedirect.com/science/article/pii/S0031018216306915?via%3Dihub= [Stand: 15.1.2025]

14 https://www.nationalgeographic.de/wissenschaft/2019/10/massenaussterben-ein-widerkehrendes-phaenomen [Stand: 15.1.2025]

15 https://efahrer.chip.de/e-wissen/promillegrenze-im-auto-dieses-alkohollimit-gilt-am-steuer_102942#:~:text=Bei%20einem%20halben%20Liter%20Bier,oder%20einen%20Liter%20Wein%20trinken [Stand: 15.1.2025]

16 https://www.pflanzenforschung.de/de/pflanzenwissen/lexikon-a-z/arsen-777#:~:text=Dreiwertige%20l%C3%B6sliche%20Verbindungen%20des%20Arsens,4%20mg%2Fkg%20K%C3%B6rpergewicht [Stand: 15.1.2025]

17 https://www.umweltbundesamt.de/daten/umwelt-gesundheit/gesundheitsrisiken-durch-ozon#gesundheitliche-wirkungen [Stand: 15.1.2025]

18 https://woods.se/de/ozongeneratoren/ozonleitfaden/ueber-ozon/#:~:text=Die%20hygienischen%20Grenzwerte%20f%C3%BCr%20Ozon,0%2C3%20ppm%20als%20H%C3%B6chstgrenze [Stand: 15.1.2025]

19 Claudia Kemfert, Julien Gupta, Manuel Kronenberg (Hg.): Unlearn CO_2. Zeit für ein Klima ohne Krise. Berlin: Ullstein 2024, S. 178; https://www.ullstein.de/werke/unlearn-CO_2/hardcover/9783550202988 [Stand: 15.1.2025]

20 Vgl.: https://pm-wissen.com/ist-mehr-CO_2-gut-fuer-die-pflanzen_2890 [Stand: 15.1.2025]

21 https://www.nature.com/articles/s41562-024-01928-2 [Stand: 15.1.2025]

22 https://faktencheck.afp.com/doc.afp.com.32JF7QJ [Stand: 15.1.2025]

23 https://faktencheck.afp.com/doc.afp.com.32JF7QJ [Stand: 15.1.2025]

24 https://www.mdr.de/wissen/faktencheck/faktencheck-klimanotstand-100.html [Stand: 15.1.2025]

25 https://www.wri.org/insights/2023-ipcc-ar6-synthesis-report-climate-change-findings [Stand: 15.1.2025]

26 https://www.swr.de/wissen/1000-antworten/stossen-vulkane-mehr-treibhausgase-aus-als-der-mensch-104.html [Stand: 15.1.2025]

27 Siehe auch: https://de.wikipedia.org/wiki/Liste_gro%C3%9Fer_historischer_Vulkanausbr%C3%BCche [Stand: 15.1.2025]

28 https://www.umweltbundesamt.de/service/uba-fragen/uebersehen-die-klimatologen-die-vulkanischen [Stand: 15.1.2025]

29 https://dpa-factchecking.com/germany/230517-99-727260/ [Stand: 15.1.2025]

30 https://www.srf.ch/meteo/meteo-stories/messreihe-mauna-loa-hawaii-neue-hoechstwerte-in-der-co-konzentration-erreicht#:~:text=Die%20CO%E2%82%82%2DMessung%20auf%20Mauna,Abgase%20von%20Verbrennungsmotoren%20die%20Messung [Stand: 15.1.2025]

31 https://dpa-factchecking.com/germany/230517-99-727260/ [Stand: 15.1.2025]

32 https://www.sonnblick.net/de/daten/zeitreihen/messung-CO_2/ [Stand: 15.1.2025]

33 https://skepticalscience.com/arg_Eiszeit-Vorhersagen-in-den-70er-Jahren.htm [Stand: 15.1.2025]

34 Siehe auch: https://www.nature.com/articles/s41586-019-1401-2 [Stand: 15.1.2025]

35 Christian-D. Schönwiese: Klimaänderungen. Daten, Analysen, Prognosen. Berlin, Heidelberg: Springer-Verlag 1995; https://link.springer.com/book/10.1007/978-3-642-57807-6 [Stand: 15.1.2025]

36 https://www.science.org/doi/10.1126/science.166.3903.377 [Stand: 15.1.2025]

37 https://www.science.org/doi/10.1126/science.166.3903.377 [Stand: 15.1.2025]

38 https://www.ipcc.ch/report/ar6/wg1/downloads/report/IPCC_AR6_WGI_SPM.pdf#page=7 [Stand: 15.1.2025]

39 https://cordis.europa.eu/article/id/28003-greenland-once-truly-green-scientists-reveal/de [Stand: 15.1.2025]

40 https://visitgreenland.com/de/artikel/zehn-fakten-ueber-groenland-die-sie-vielleicht-noch-nicht-wussten/ [Stand: 15.1.2025]

41 Fritz Vahrenholt und Lüning Sebastian: Die kalte Sonne: Warum die Klimakatastrophe nicht stattfindet. Hamburg: Hoffmann und Campe 2012; https://www.zvab.com/kalte-Sonne-Klimakatastrophe-stattfindet-Fritz-Vahrenholt/31953749308/bd [Stand: 15.1.2025]

42 Siehe auch: https://de.wikipedia.org/wiki/El_Ni%C3%B1o [Stand: 15.1.2025]

43 Siehe auch: https://www.helmholtz-klima.de/klimafakten/behauptung-die-globale-erwaermung-stoppte-1998 [Stand: 15.1.2025]

44 https://fediscience.org/@rahmstorf/111770660674936218 [Stand: 15.1.2025]

45 https://www.blick.ch/sport/ski/oesi-boss-schroecksnadel-irritiert-mit-aussage-ich-halte-gar-nichts-vom-klimawandel-id16353208.html [Stand: 15.1.2025]

46 https://www.zamg.ac.at/cms/de/klima/news/winter-in-oesterreich-vergangenheit-und-zukunft [Stand: 15.1.2025]

47 Siehe auch: https://de.wikipedia.org/wiki/Rosinenpicken_(Argumentationstheorie) [Stand: 15.1.2025]

48 Siehe auch: https://de.wikipedia.org/wiki/Chemtrail [Stand: 15.1.2015]

49 Siehe auch: https://www.deutschlandfunkkultur.de/gefaehrliche-klimamythen-100.html#zwei [Stand: 15.1.2025]

50 https://www.cbsnews.com/news/government-not-controlling-the-weather/ [Stand: 15.1.2025]

51 https://www.quarks.de/umwelt/klimawandel/kondensstreifen-oder-chemtrails-werden-wir-manipuliert/ [Stand: 15.1.2025]

52 https://www.parlament.gv.at/dokument/XXIII/J/551/fname_074612.pdf [Stand: 15.1.2025]

53 https://kurier.at/politik/inland/fpoe-minister-hofer-bestaetigt-chemtrails-gibt-es-nicht/400325550 [Stand: 15.1.2025]

54 https://www.scinexx.de/news/geowissen/vermeintliche-beweise-fuer-chemtrails-ueberprueft/ [Stand: 15.1.2025]

55 https://de.wikipedia.org/wiki/High_Frequency_Active_Auroral_Research_Program [Stand: 15.1.2025]

56 https://www.deutschlandfunkkultur.de/gefaehrliche-klimamythen-100.html [Stand: 15.1.2025]

57 https://www.thelancet.com/journals/lancet/article/PIIS0140-6736(20)30677-2/fulltext [Stand: 15.1.2025]

58 https://www.oxfam.org/en/press-releases/richest-1-emit-much-planet-heating-pollution-two-thirds-humanity#:~:text=Home-,Richest%201%25%20emit%20as%20much%20planet%2Dheating%20pollution,as%20two%2Dthirds%20of%20humanity&text=Carbon%20emissions%20of%20richest%201,excess%20deaths%20due%20to%20heat [Stand: 15.1.2025]

59 https://www.derstandard.at/story/3000000195900/oxfam-bericht-reiche-leben-extrem-klimasch228dlicher-als-arme-menschen [Stand: 15.1.2025]

60 https://at.scientists4future.org/2021/04/30/1-prozent-der-weltbevoelkerung-verursacht-50-prozent-der-CO_2-emissionen-durch-flugverkehr/#:~:text=Dieser%20Durchschnitt%20sagt%20nicht%20viel,Weltbev%C3%B6lkerung%20internationale%20Fl%C3%BCge%20in%20Anspruch [Stand: 15.1.2025]

61 https://at.scientists4future.org/2021/04/30/1-prozent-der-weltbevoelkerung-verursacht-50-prozent-der-CO_2-emissionen-durch-flugverkehr/#:~:text=Dieser%20Durchschnitt%20sagt%20nicht%20viel,Weltbev%C3%B6lkerung%20internationale%20Fl%C3%BCge%20in%20Anspruch [Stand: 15.1.2025]

62 https://www.moment.at/story/klimakrise-bevoelkerungswachstum-ueberbevoelkerung-fakten/ [Stand: 15.1.2025]

63 https://www.moment.at/story/klimakrise-bevoelkerungswachstum-ueberbevoelkerung-Fakten/ [Stand: 15.1.2025]

64 https://www.dwd.de/DE/wetter/thema_des_tages/2020/9/14.html [Stand: 15.1.2025]

65 https://www.helmholtz-klima.de/klimafakten/behauptung-waermeinseln-staedten-verfaelschen-klimatrends [Stand: 15.1.2025]

66 https://www.scitechnol.com/influence-urban-heating-global-temperature-land-average-using-rural-sites-identified-from-modis-classifications-vwBQ.php?article_id=588 [Stand: 15.1.2025]

67 https://www.ipcc.ch/report/ar6/wg1/downloads/report/IPCC_AR6_WGI_Chapter10.pdf#page=93 [Stand: 15.1.2025]

68 https://www.faz.net/aktuell/politik/eisfreie-schiffspassage-am-nordpol-15802031.html [Stand: 15.1.2025]

69 https://www.nature.com/articles/ngeo1671 [Stand: 15.1.2025]

70 https://www.pik-potsdam.de/~stefan/alvensleben_kommentar.html [Stand: 15.1.2025]

71 https://www.sciencedirect.com/science/article/abs/pii/S0034425716301481 [Stand: 15.1.2025]

72 https://www.nature.com/articles/s41558-020-0893-y [Stand: 15.1.2025]

73 https://agupubs.onlinelibrary.wiley.com/doi/10.1002/2017GL073656 [Stand: 15.1.2025]

74 https://www.ipcc.ch/report/ar6/wg1/downloads/report/IPCC_AR6_WGI_Chapter_02.pdf#page=80&zoom=auto,-158,445 [Stand: 15.1.2025]

75 https://www.ipcc.ch/report/ar6/wg1/downloads/report/IPCC_AR6_WGI_TS.pdf#page=106&zoom=160,-59,490 [Stand: 15.1.2025]

76 https://junge.oevp.at/nehammer-im-gespraech/ [Stand: 15.1.2025]

77 https://www.ots.at/presseaussendung/OTS_20240703_OTS0063/schmuckenschlager-klimaschutz-mit-hausverstand-das-ist-die-handschrift-der-volkspartei [Stand: 15.1.2025]

78 https://www.derstandard.at/story/3000000217966/oevp-setzt-bei-eu-programm-auf-klimaschutz-mit-hausverstand [Stand: 15.1.2025]

79 https://www.fpoe-ooe.at/klima/ [Stand: 15.1.2025]

80 https://de.wiktionary.org/wiki/Hausverstand [Stand: 15.1.2025]

81 Siehe auch: https://www.helmholtz-klima.de/klimafakten/behauptung-der-ipcc-betreibt-panikmache [Stand: 15.1.2025]

82 Siehe auch: https://de.wikipedia.org/wiki/Saurer_Regen [Stand: 15.1.2025]

83 https://www.diepresse.com/523352/was-wurde-aus-dem-waldsterben [Stand: 15.1.2025]

84 https://www.moment.at/story/kann-oesterreich-klima-retten/ [Stand: 15.1.2025]

85 https://www.myclimate.org/de-at/informieren/faq/faq-detail/was-bedeutet-netto-null-emissionen/ [Stand: 15.1.2025]

86 https://nachhaltigwirtschaften.at/de/sdz/artikel/fit4urbanmission-klimaneutrale-staedte-gemeinden.php [Stand: 15.1.2025]

87 https://personenverkehr.oebb.at/de/pv-ag/nachhaltigkeit/nachhaltigkeit [Stand: 15.1.2025]

88 https://vcoe.at/service/fragen-und-antworten/welche-wirkung-hat-tempo-100-statt-130#:~:text=Tempo%20100%20statt%20Tempo%20130,motorisch)%20um%20rund%2034%20Prozent [Stand: 15.1.2025]

89 https://www.derstandard.at/story/3000000214386/oesterreicherinnen-und-oesterreicher-essen-zu-viel-fleisch [Stand: 15.1.2025]

Bildquellen:

S. 19: Marcus Wadsak, Daten © https://science.nasa.gov/resource/graphic-temperature-vs-solar-activity/ [Stand: 15.1.2025]

S. 35: Ines Flattinger, Illustration © AdobeStock/Photobank

S. 39: Ines Flattinger, Vulkandaten © www.volcanodiscovery.com [Stand: 15.1.2025]

S. 41: Marcus Wadsak, Daten © Die CO_2 Konzentration basiert vor 1958 auf Daten von Eisbohrkernen (Ethridge et. al., 1996; MacFarling Meure et al., 2006), Ab 1958 Messdaten vom Mauna Loa Observatorium; https://scrippsco2.ucsd.edu/data/atmospheric_co2/icecore_merged_products.html [Stand: 15.1.2025]

S. 44/45: Daten © Global Monitoring Laboratory; https://gml.noaa.gov/ccgg/trends/gl_trend.html [Stand: 15.1.2025]

S. 47: Daten © AMS Journals; https://journals.ametsoc.org/configurable/content/journals$002fbams$002f89$002f9$002f2008bams2370_1.xml?t%3Aac=journals%24002fbams%24002f89%24002f9%24002f2008bams2370_1.xml&tab_body=fulltext-displayxml?t%3Aac=journals%24002fbams%24002f89%24002f9%24002f2008bams2370_1.xml&tab_body=fulltext-display [Stand: 15.1.2025]

S. 50: Daten © Bodennahe nordhemisphärische Mitteltemperaturen der letzten 11.000 Jahre (verändert nach Dansgaard et. al., 1969 und Schönwiese, 1995)

S. 51: Grafik Marcus Wadsak: Klimawandel. Fakten gegen Fake & Fiction. Wien: Braumüller 2020; Daten © Jos Hagelaars

S. 56: Daten © https://fediscience.org/@rahmstorf/111770660674936218 [Stand: 15.1.2025]

S. 58/59: Daten © www.zamg.ac.at/cms/de/dokumente/klima/dok_news/2017/gobiet_etal-2017-hochalpinewintertemperaturen/ [Stand: 15.1.2025]

S. 67: Daten © https://www.oxfamamerica.org/press/worlds-richest-10-produce-half-of-carbon-emissions-while-poorest-35-billion-account-for-just-a-tenth/ [Stand: 15.1.2025]

S. 71: © AdobeStock/Hans-Martin Goede

S. 96: Grafik Ines Flattinger, © AdobeStock/VRD, nach einer Idee von Mag. Therese Frank

Marcus Wadsak
Klimawandel
Fakten gegen Fake & Fiction

ISBN 978-3-99100-303-8
144 Seiten, Hardcover, (D) **€ 18**

Dieses Buch ist eine unschlagbar kompakte Informationsquelle auf dem aktuellsten Stand der Wissenschaft mit Antworten auf die brennendsten Fragen zum Thema Klimawandel. Denn wir sind die erste Generation, die die Folgen spürt, und die letzte, die etwas dagegen tun kann. Niemand hat diese Veränderungen unserer Umwelt genauer im Blick als der Wetterexperte Marcus Wadsak.

Marcus Wadsak / Paula Dorten
Letzte Generation
Das Klimamanifest

978-3-99100-346-5
96 Seiten, Klappenbroschur, (D) **€ 15**

Dieses Manifest ist eine Aufforderung an die Bürger*innen, sich ihrer Macht bewusst zu werden und die Regierungen an ihre Aufgabe zu erinnern: das Auf- und nicht Verbauen von Perspektiven. Es ist der einfache, lautstarke Wunsch nach einer Zukunft. Noch haben wir die Möglichkeit, diese Veränderung zu gestalten.

Heinz Gabriel Kopetz
Mit der Kraft der Sonne
gegen die Klima- und Energiekrise

ISBN 978-3-99100-369-4
480 Seiten, Broschur, (D) **€ 26**

Jürgen Thomas Ernst
Geheimnisse des Waldes

ISBN 978-3-99100-303-8
240 Seiten, Hardcover, (D) **€ 26**

Jürgen Thomas Ernst
Der Wald in Zeiten der Veränderung

ISBN 978-3-99100-303-8
320 Seiten, Klappenbroschur, (D) **€ 26**

Conrad Amber
Aufbäumen
Stadtbegrünung für eine lebenswerte Zukunft

ISBN 978-3-99100-404-2
352 Seiten, Klappenbroschur, (D) **€ 28**

Marcus Wadsak ist Meteorologe, Radio- und Fernsehmoderator sowie Sachbuchautor. Nach dem Studium der Meteorologie an der Universität Wien kam er zum ORF, war jahrelang Wetter-Anchor im Ö3-Wecker, moderiert seit 2004 das ZiB-Wetter und leitete von 2012 bis 2024 die ORF-Wetterredaktion. 2019, 2021 und 2023 wurde er zum Journalisten des Jahres in der Kategorie Wissenschaft gewählt. Er ist Gründungsmitglied von *Climate without Borders* und *European Climate Pact Ambassador.*

Impressum
Bibliografische Information der Deutschen Nationalbibliothek
Die Deutsche Nationalbibliothek verzeichnet diese Publikation in der Deutschen Nationalbibliografie; detaillierte bibliografische Daten sind im Internet über http://dnb.d-nb.de abrufbar.

1. Auflage 2025

Servitengasse 5, A-1090 Wien
office@braumueller.at, www.braumueller.at

Umschlag: AdobeStock / © freshidea / © loveyousomuch, Rückseite: © Irene Schaur
Lektorat: Anke Weber
Layout & Satz: Ines Flattinger
Druck: EuroPB, Dělostřelecká 344, CZ 261 01 Příbram
ISBN 978-3-99100-416-5